Der Porsche-Code

Typenschild-Entschlüsselung Porsche 911 (964, 993 & 996)

EDITION PORSCHE FAHRER

Tobias Kindermann

Der Porsche-Code

Typenschild-Entschlüsselung Porsche 911 (964, 993 & 996)

HEEL

HEEL Verlag GmbH
Gut Pottscheidt
53639 Königswinter
Telefon 0 22 23 / 92 30-0
Telefax 0 22 23 / 92 30-13
Mail: info@heel-verlag.de
Internet: www.heel-verlag.de

Lektorat: Jürgen Schlegelmilch

Verantwortlich für den Inhalt: Tobias Kindermann

Titelbild: Porsche AG
Bildnachweis: Tobias Kindermann, Porsche AG, Dieter Rebmann

Satz und Gestaltung: Ralf Kolmsee, F5 Mediengestaltung

Printed in Hungary

ISBN: 978-3-86852-093-4

Inhalt Seite

Einleitung 8

Allgemeiner Aufbau 10
Die Fahrzeugidentifikationsnummer (FIN) 10
Aufbau der Fahrgestellnummer (FIN) 11
Das Produktionsschild 12
Das Farbschild 13

Porsche 964 14
Kurzbeschreibung 16
FIN-Hinweise 18
Das Produktionsschild 20
Motor- und Getriebevarianten 21
Motornummern 22
Getriebenummer 24
Zusatzausstattung 24
Das Farbschild 34

Porsche 993 38
Kurzbeschreibung 40
FIN-Hinweise 43
Das Produktionsschild 48
Motor- und Getriebevarianten 48
Motornummern 49
Getriebenummer 51
Zusatzausstattung 51
Das Farbschild 64

Porsche 996 68
Kurzbeschreibung 70
FIN-Hinweise 72
Das Produktionsschild 76
Motor- und Getriebevarianten 77
Motornummern 77
Getriebenummer 80
Zusatzausstattung 80
Das Farbschild 88

Danksagung 94

Beim Targa der Baureihe 993 verabschiedete sich Porsche von der bisherigen Konstruktion eines herausnehmbaren Dachteils. An seine Stelle trat ein elektrisch betätigtes Glasdach.

Die Magie der Zahlen

Ein Satz Aufkleber im Kofferraum, eine Nummer mit 17 Stellen: Hinter diesen Dingen verbirgt ein Porsche 911 viele Informationen. Dieses Buch soll helfen, die Angaben zu entschlüsseln und so mehr über seinen Wagen zu erfahren. Oder mehr über den Porsche 911, vor dem man steht und den man vielleicht kaufen wird.

Drei Modellgenerationen des 911 werden auf diesen Seiten behandelt, der Porsche 964, der Porsche 993 sowie der Porsche 996. Welche Stellung nahmen sie in der Geschichte des Sportwagenherstellers ein? Als der Porsche 964 Ende Sommer 1988 in Produktion ging, begann für Porsche die Reise in die Neuzeit. 24 Jahre lang, seit dem Serienanlauf 1964 bis Mitte 1988, gab es - abgesehen vom Porsche 959 - den 911 nur im immer wieder verfeinerten und weiterentwickelten Grundlayout zu kaufen. Die Werksbezeichnungen 964, 993 und 996 stehen für eine stürmische technische Weiterentwicklung des Kunzeptcs 911 - und das ist der gemeinsame Nenner, unter dem diese Wagen trotz ihrer großen Unterschiede betrachtet werden können.

Zur Drucklegung dieses Buches - im Jahr 2011 - sind die ersten Porsche 996 bald dreizehn Jahre alt. Eine halbe Generation von jungen Sportwagenliebhabern ist mit diesen Wagen aufgewachsen. Die ersten Porsche 964 haben inzwischen 22 Jahre auf den Straßen erlebt - und sind inzwischen Youngtimer mit Kultstatus.

Im Jahr 1964 rollten die ersten 911 von den Produktionsbändern, schmal, zierlich - und noch mit Chromschmuck. Die hinteren Kotflügelverbreiterungen wuchsen dem Porsche 911 im Modelljahr 1973, also Mitte 1972, als der 911 RS auf den Markt kam, und sie blieben zunächst den leistungsstärksten Varianten vorbehalten. Ein Jahr später folgten, bedingt durch neue US-Gesetze, die neuen Sicherheitsstoßstangen. Die dafür eingesetzten schwarzen Faltenbälge dienten oft dazu, die neueren Modelle von den rückwirkend „Ur-Elfern" genannten Modellen zu differenzieren. Der Chromschmuck verschwand wenig später. Doch tatsächlich hatte unter dem Blech kein Bruch mit der Tradition stattgefunden. Auch der zum Modeljahr 1975 eingeführte Porsche Turbo war nur eine leistungs- und komfortbetonte Interpretation bekannter Vorgaben, wenn auch eine sehr reizvoll schnelle.

Der 911er wurde stärker, um seine Position in der Sportwagenwelt zu verteidigen. Vom Ur-Elfer mit 130 PS hatte man sich bis zum Porsche 911 Carrera 3,2 im Modelljahr 1984 bis auf 231 PS vorgearbeitet, der Porsche 911 Turbo 3,3, den es ab dem Modelljahr 1978 zu kaufen gab, leistete 300 PS, mit werksseitiger Leistungssteigerung sogar 330 PS.

Heute ist es nur noch schwer vorstellbar: Es gab eine Zeit, da war die Zukunft des Porsche 911 und auch der Firma selbst ungewiss. Große Konkurrenten hatte der 911 in den 1980er Jahren im eigenen Haus, in Form des Porsche 944 und des 928. Als im Modelljahr 1978 der 911 SC erschien, wirkte es so, als würde Porsche auf den Abgang des jahrelangen Leistungsträgers im Hause hinarbeiten. „Mit dem Dreiliter-911 SC bringen wir den jüngsten, stärksten, ausgereiftesten und perfektesten 911 auf den Markt, den es je gab", warb die Firma in Anzeigen großer Automagazine. Doch dem war nicht so. 20 PS weniger leistete der Porsche Carrera SC gegenüber dem Vorgänger Porsche 911 Carrera 3,0. Als der 911 SC zum Modelljahr 81 wieder auf 204 PS erstarkte - die Umstellung auf Super-Benzin setzte neue Kräfte frei - begann die Aufholjagd, die mit der Präsentation des Porsche 911 Carrera 3,2 zum Modelljahr 1984 ihre Fortsetzung fand. Der Käufer hatte entschieden - der „911er" sollte weiter gebaut werden. Doch dann war erst einmal Pause bis zum Modelljahr 1989. Der Porsche 911 Carrera 3,2 brachte fast fünf Jahre Stillstand - und dem Autor als Besitzer eines solchen Fahrzeuges seien diese kritischen Worte verziehen: Der stärkste und ausgereifteste klassische 911 mit Saugmotor besaß nicht die Anlagen, um Porsche in eine erfolgreiche Zukunft zu führen. Diese Schritte ging man in Zuffenhausen mit den Modellen 964, 993 und 996, und bedingt durch große, effektive Veränderungen in der einst eher handwerklichen Produktion, kehrte auch der wirtschaftliche Erfolg zurück.

Beim Porsche 996 sind Schilder für Fahrgestellnummer (B-Säule), Produktionsschild (Kofferraumhaube) und Farbcode (Innenkotflügel) zu finden. An den selben Stellen wurden auch bei Exemplaren der Baureihe 993 die Schilder angebracht.

Auch wenn es in diesem Buch vorrangig um eine Übersicht und Zuordnung von Zusatzausstattungen und Individualoptionen geht, ein paar kurze Zeilen zu den Wagen, um die es dabei geht, dürfen nicht fehlen.

Bei der Zusammenstellung der Zusatzausstattungen haben wir fast ausschließlich auf Original-Quellen zurückgegriffen. Dabei legten wir Wert darauf, die Daten modellspezifisch zu sortieren. So kann der Besitzer oder Interessent eines 964, 993 oder 996 auch sehen, was für die jeweiligen Modelle verfügbar war, welche Farben es gab. Man kann auch klären, was am Fahrzeug werksseitig verbaut war und welche Teile der Vorbesitzer nachträglich an- bzw. abgebaut hat.

Kann dieses Buch perfekt sein? Sicher nicht. Beim Zusammenstellen stieß ich in den Quellen auf Widersprüchen. Nur ein Beispiel: Im Werkstatthandbuch für den Porsche 993 steht, dass die Getriebenummern 11-stellig sind, tatsächlich haben die Getriebe 12-stellige Nummern. Soweit möglich, habe ich versucht, diese Fälle aufzuklären - oder weise an den betreffenden Stellen auf Ungereimtheiten hin. Die Codes der Exclusive-Abteilung stammen überwiegend aus Original-Unterlagen. Auch hier kann es sein, dass einzelne Optionen nicht dokumentiert sind. In dem einen oder anderen Fall lesen sich die Bezeichnungen in den Listen sehr holprig; wo es nötig und möglich war, haben wir die Lesbarkeit verbessert. Im Zweifelsfall haben wir uns aber für die original Porsche Bezeichnung entschieden.
Deshalb unsere Bitte: Wer Angaben vermisst oder Ergänzungen hat, kann unter redaktion@netmotor.de mit mir Kontakt aufnehmen

Viel Freude beim Entschlüsseln der Angaben wünscht Ihnen
Tobias Kindermann
Bamberg, 2011

Allgemeiner Aufbau

Schilderkunde

In diesem Buch werden das Typenschild mit der Fahrgestellnummer (FIN), das Produktionsschild und das Schild für die Farbangabe behandelt. Der erste Teil widmet sich Informationen allgemeiner Art. Wo findet man Schilder? Was bedeuten die Angaben darauf?

Im zweiten Teil folgen modellspezifische Informationen. Sowohl der 964, der 993 wie auch der 996 erhalten eigene Kapitel. Dazu gehört eine kurze Modellbeschreibung und wie die Angaben auf den Schildern beim Kauf weiterhelfen können. Farblisten, M-Optionen und I-Optionen schließen sich übersichtlich an.

Die Fahrzeugidentifikationsnummer (FIN)

Wo findet man die Typenschilder und FIN?

Porsche 964: Hier hat im Laufe der Produktion und abhängig von der Länderausführung das System gewechselt. Nach welchem Schema Porsche vorging, ist nicht dokumentiert. Ein aufgenietetes Typenschild findet sich auf der rechten Seite des Innenkotflügels. Nimmt man die Teppich-Verkleidung ab, kann man es sehen. Es gibt US-Modelle, bei denen die FIN zusätzlich auf einem Schild an die A-Säule genietet ist, lesbar von außen durch die Windschutzscheibe etwa 10 cm über dem Armaturenbrett. Zusätzlich haben diese Fahrzeuge ein Schild am Schlossblech der B-Säule auf der Fahrerseite, auf dem sogar der Tag der Produktion vermerkt sein kann. Ab Modelljahr 92 kann ein Typenschild zusätzlich zum Exemplar im Kofferraum auch an der A-Säule an der Fahrerseite hochkant geklebt sein oder auf das Schlossblech der Fahrertür an der B-Säule.

Porsche 993: auf dem Schlossblech der Beifahrertür an der B-Säule.

Porsche 996: auf dem Schlossblech der Beifahrertür an der B-Säule.

Außerdem ist bei allen Exemplaren ab dem Modelljahr 1993 die Fahrzeugidentifikationsnummer durch die Windschutzscheibe unten am Windlauf neben der linken A-Säule zu sehen. Bei den Modellen 964 und 993 ist die FIN zusätzlich auf dem Kofferraumboden hinter dem Ersatzrad eingeschlagen. Beim 996 ist sie oben neben der Batterie beifahrerseitig zu sehen.

Bei diesem für die USA produzierten 964 C4 Coupé findet sich zusätzlich ein aufgenietetes Schild mit der Fahrzeugidentifikationsnummer an der A-Säule. Foto: Dirk Oßmann

Aufbau der Fahrgestellnummer (FIN)

Ab dem Modelljahr 1981 haben bei Porsche alle Fahrzeuge die international einheitliche 17-stellige Fahrgestellnummer bekommen. Aus ihr kann man einige Informationen entnehmen, bei den USA-Versionen etwas mehr, wie folgende Aufschlüsselung zeigt.

Porsche 964

Die Fahrgestellnummer für einen Porsche 964 könnte lauten:

WP0 ZZZ 96 ZMS 40 7543

Hier handelt es sich um einen Porsche 964 Coupé RdW. (Rest der Welt) aus dem Modeljahr 1991.

W = Herstellungsland (West Germany)
P = Hersteller Porsche
0 = Passagierfahrzeug (0 steht für die Zahl 0)

Z = Füllziffer für Fahrzeuge RdW.; A: Coupe USA/CDN; B: Targa USA/CDN; C: Cabrio/Speedster USA/CDN
Z = Füllziffer für Fahrzeuge RdW.; A: 3,3-Liter-Turbo/USA/CDN; B: 3,6-Liter-Saugmotor USA/CDN; C: 3,6-Liter-Turbo USA/CDN
Z = Füllziffer für Fahrzeuge RdW.; 0: nur Sicherheitsgurte USA/CDN; 2: Sicherheitsgurte und Airbags

96 = Typnummer (hier für Modell 964)

Z = Füllziffer für Fahrzeuge RdW.; 0-9 oder X: Prüfziffer für Versionen USA/CDN
M = Modelljahr (K: 89, L: 90, M: 91, N: 92, P: 93, R: 94)
S = Herstellungsort Stuttgart

4 = ergibt mit Stelle 7 und 8 den Fahrzeugtyp (hier: 96-4)
0 = Code für Karosserie und Motor

7543 = laufende Nummer

Porsche 993

Die Fahrgestellnummer für einen Porsche 993 könnte lauten:

WP0 CA2 99 XSS 36 4322

Hier handelt es sich um einen 993 Carrera 2 oder 4 für die USA/CDN aus dem Modelljahr 95.

W = Herstellungsland (West Germany)
P = Hersteller Porsche
0 = Passagierfahrzeug (0 steht für die Zahl 0)

C = C: Cabrio USA/CDN; A: Coupe USA/CDN; D: Targa (mit Glasdach); Z: Füllziffer für Fahrzeuge RdW.
A = A: 3,6-Liter-Saugmotor USA/CDN; C: 3,6-Liter-Turbo USA/CDN; Füllziffer für Fahrzeuge RdW.
2 = Sicherheitsgurte und Airbags USA/CDN; Z als Füllziffer für die RdW.-Fahrzeuge.

99 = Typnummer (hier für Modell 993)

X = 0-9 oder X: Prüfziffer für Versionen USA/CDN; Z: Füllziffer für Fahrzeuge RdW.
S = Modelljahr (R: 94, S: 95, T: 96, V: 97, W: 98)
S = Herstellungsort Stuttgart

3 = ergibt mit Stelle 7 und 8 den Fahrzeugtyp (hier: 99-3)
6 = Code für Karosserie und Motor

4322 = laufende Nummer

Porsche 996

Die Fahrgestellnummer für einen Porsche 996 könnte lauten:

WP0 BA2 99 82S 6 43333

Hier handelt es sich um einen Porsche 996 Targa für die USA/CDN aus dem Modelljahr 2002.

W = Herstellungsland (West Germany)
P = Hersteller Porsche
0 = Passagierfahrzeug (0 steht für die Zahl 0)

B = B: Targa USA/CDN, A: Coupé USA/CDN, C: Cabrio USA/CDN, Z: Füllziffer für RdW-Fahrzeuge
A = A: Saugmotor USA/CDN, B: Turbo USA/CDN, C: GT-3-Motor USA/CDN, Z: Füllziffer für RdW-Fahrzeuge
2 = 2: Sicherheitsgurte und Airbags USA/CDN, Z: Füllziffer für RdW-Fahrzeuge

99 = Typnummer (hier für Modell 996)

8 = 0-9 oder X: Prüfziffer für Versionen USA/CDN; Z: Füllziffer für Fahrzeuge RdW
2 = Modelljahr (V: 97, W: 98, X: 99, Z: 2000, 1: 01, 2: 02, 3: 03, 4: 04, 5: 05)
S = Herstellungsort Stuttgart

6 = ergibt mit Stelle 7 und 8 den Fahrzeugtyp (hier: 99-6)

43333 = laufende Nummer

Das Produktionsschild

Es findet sich immer unter der Haube des Kofferraums, ein zweites Exemplar klebt auf den ersten Seiten des Serviceheftes. Porsche bezeichnet diesen Aufkleber in seinen Unterlagen als Fahrzeug-Datenträger. Der Aufbau ist beim Porsche 964, 993 und 996 identisch.

Der Aufbau:
1. Zeile: Fahrzeugidentifikationsnummer
(siehe vorhergehender Abschnitt)
2. Zeile: Typ und Ausführung
(Angaben folgen in den Kapiteln 964, 993 und 996)
3. Zeile: Motor- und Getriebetyp
4. Zeile: zwei Codes, Farbe und Innenausstattung
5. Zeile: Zusatzausstattungen beginnend mit der ersten Nummer, die als Ländercode dient

Anmerkungen zur **3. Zeile:** Zwar sind auf dem Produktionsschild Motor- und Getriebetyp vermerkt, nicht aber die Motor- und Getriebenummer. Diese Angaben stehen jedoch auf dem Produktionsblatt, das man über Porsche beziehen kann. In den Kapiteln zu den Wagentypen steht eine Erläuterung, welche Motor- und Getriebevarianten gebaut wurden und wie sich die vorhandenen Nummern aufschlüsseln lassen. Anhand der Zahlen lassen sich zumindest Typ und oft auch das Modelljahr der Produktion ermitteln. Passen die Daten nicht zum Modelljahr der Fahrgestellnummer, sollte man prüfen, ob ein Austauschmotor oder ein Austauschgetriebe verbaut wurden.

Anmerkungen zur **4. Zeile:** Der Code für die Farbe des Wagens, vor der dreistelligen Buchstaben- oder Zahlenkombination steht ein „L", findet sich noch einmal auf einem speziellen Farbschild, das im nächsten Abschnitt erklärt wird. Die zweite Buchstaben- und Zahlenkombination ist eine Angabe zur verwendeten Innenausstattung. Dieser Code kann nur von Porsche selbst entschlüsselt werden, eine Liste würde mehrere hundert Positionen umfassen, da die Zahl der Varianten sehr hoch war.

Anmerkungen zur **5. Zeile:** Der Ländercode gibt an, für welches Land der Porsche 911 produziert wurde. Dieser Bezeichnung sollte man besondere Aufmerksamkeit schenken. Handelt es sich um ein reimportiertes Fahrzeug, sind für eine Zulassung unter Umständen Umbauten nötig, damit der Wagen deutschen Vorschriften entspricht – ähnliches wird auch für andere Länder gelten. Art und Umfang lassen sich so leichter abschätzen. Teilweise werden länderspezifische Ausführungen auch über die M-Codes beschrieben.

Hier eine Auflistung der Ländercodes:

C00 Deutschland
C02 USA (alle Staaten ab Mj. 91)
C03 Californien (bis Mj. 91)
C04 Puerto Rico
C05 Frankreich
C06 Französische Kolonien
C07 Italien

C08 Japan (linksgelenkte Ausführung)
C09 Schweden
C10 Schweiz
C11 Österreich
C12 Dänemark
C13 Finnland
C14 Taiwan
C15 Hongkong
C16 England
C17 Englische Armee, stationiert in Deutschland
C18 England, Japan (rechtsgelenkte Ausführung ab Mj. 98)
C19 Luxemburg
C20 Holland
C21 Norwegen
C22 Belgien
C23 Australien
C24 Neuseeland
C26 Südafrika ab Mj. 98
C26 Singapur
C27 Spanien
C28 Griechenland
C31 Saudi Arabien
C32 Arabische Golf-Staaten ab Mj. 98
C36 Kanada
C99 Sonderausführung

Das Farbschild

Angaben zur Außenfarbe des Autos kann man – wie oben bereits beschrieben – auf dem Produktionsschild finden. Zusätzlich gibt es einen eigenen Aufkleber für die Außenfarbe, den man auf der linken Seite im Kofferraum auf dem Innenkotflügel findet. Das gilt für alle Modelle des Porsche 964, 993 und 996.

Die ersten drei Buchstaben oder Zahlen auf dem Schild in der ersten Reihe links stellen den Farbcode dar, in der zweiten Zeile findet sich die Bezeichnung der Farbe. Die weiteren Ziffern und Zahlen dienen nur für interne Zwecke der Dokumentation.

Das Farbschild klebt bei allen Porsche 964, 993 und 996 auf dem linken Innenkotflügel. Wenn man den Kofferraum öffnet, findet man es hinter dem Teppich. Dieses 964 Coupé trägt den Farb-Code 37B, Taubenblau-Metallic. Foto: Dirk Oßmann

S KC 964 03 10
www.porsche-flughafen-stuttgart.de

Porsche 911 – Typ 964

Modelljahr 1989 bis 1994

Kurzbeschreibung

Der Porsche 964 war gegenüber seinem Vorgänger Porsche 911 Carrera 3,2 ein großer Evolutionsschritt in der Porsche-Historie. Zu etwa 85 Prozent bestand der Wagen aus neuen oder stark weiterentwickelten Teilen. Wichtigstes optisches Unterscheidungsmerkmal waren vor allem die geänderten Front- und Heck-Stoßfänger. Und erstmals gehörte ein Vierrad-Antrieb bei einem Porsche 911-Modell zur Serienausstattung. ABS und Airbag (ab Februar 1991 serienmäßig fur Fahrer und Beifahrer in allen linksgelenkten Modellen) hielten Einzug, ebenso eine Servolenkung. Ein neues Fahrwerk mit Schrauben- statt Drehstabfedern, eine wirksamere Geräuschdämmung, eine optimierte Heizung und verbesserte Klimaanlage vervollständigten die Neukonstruktion. Im Vergleich zum Vorgänger deutlich günstiger fiel auch die Aerodynamik aus: Der Cw-Wert beträgt beim 964 nur noch 0,32 gegenüber 0,42 beim 911 Carrera 3,2. Ein technisches Highlight war der ab 80 km/h automatisch ausfahrende Heckspoiler. Natürlich legte der Motor auch noch einmal an Leistung zu, 250 PS (184 kW) aus 3,6 Litern Hubraum lauteten nun die Eckdaten gegenüber 217 PS (160 kW) aus 3,2 Litern Hubraum bei der Kat-Version des Vorgängermodells. In erster Linie zur Verbesserung der Abgasqualität erhielt der 964 außerdem eine Doppelzündung.

Modelljahr 1989 (K-Programm): Zunächst wird nur die Coupé-Version des 964 C4, das Modell mit Allradantrieb, angeboten. Parallel dazu lässt Porsche die Produktion der Vorgänger-Modelle 911 Carrera 3,2 Coupé, Cabrio und Targa sowie des Turbo 3,3 weiterlaufen.

Modelljahr 1990 (L-Programm): Es folgt der 964 C2 mit Heckantrieb. Alle 964 sind nun außerdem als Coupé, Targa und Cabrio lieferbar. Besonderes Ausstattungsmerkmal beim 964 C2 ist die optional erhältliche Tiptronic, ein auch manuell zu steuerndes 4-Gang-Automatik-Getriebe.

Ab Modelljahr 1991 ergänzte ein neues Turbomodell die 911er-Angebotspalette. Wie beim Vorgänger saß unter der Haube ein 3,3-Liter-Sechszylinder, der im 964 für 320 PS sorgte. Im Laufe der Produktionszeit vergrößerten die Ingenieure den Hubraum auf 3,6 Liter, wodurch eine Mehrleistung von 40 PS erzielt wurde.

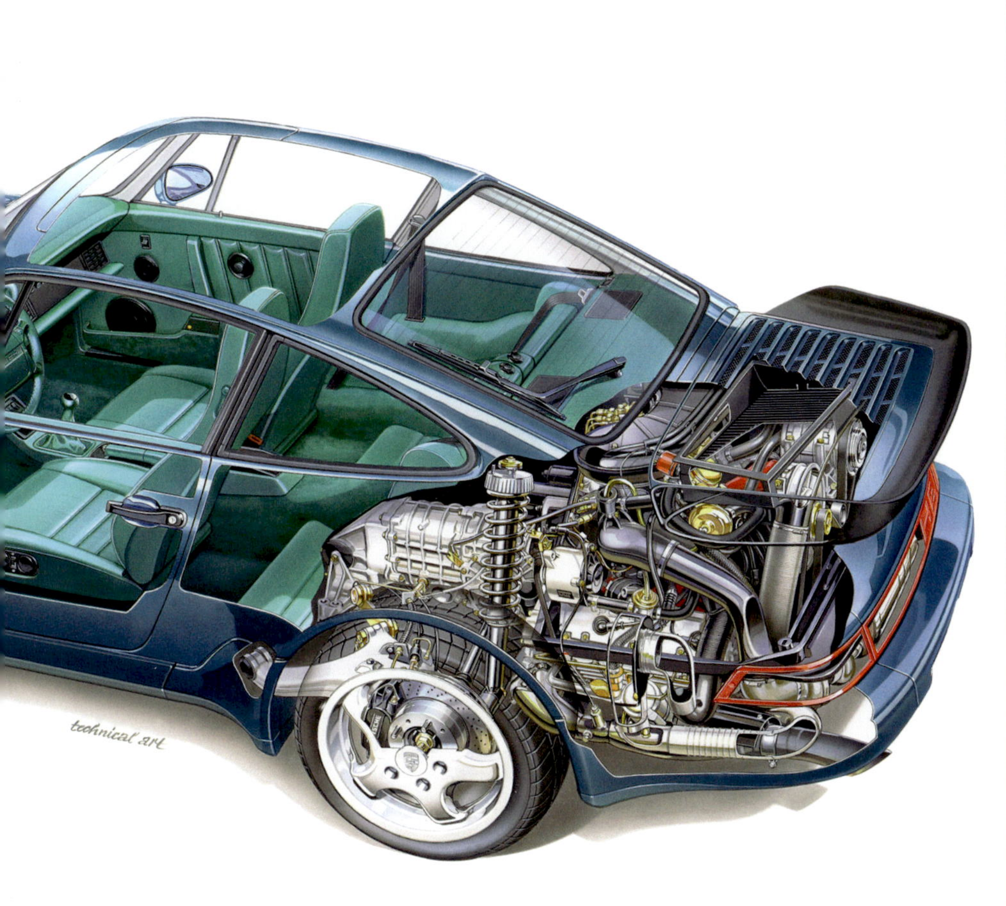
technical art

Modelljahr 1991 (M-Programm): Jetzt ist der 964 auch als Turbo erhältlich. Dazu hat man das Triebwerk des Vorgängers mit werksseitiger Leistungssteigerung leicht modifiziert - statt 330 nun 320 PS (235 kW) - und auf Kat-Betrieb umgerüstet. Den Turbo gibt es ausschließlich als Coupé. Ab Produktionstag 1. Februar 1991 bekommen alle linksgelenkten Fahrzeuge serienmäßig Fahrer- und Beifahrerairbag.

Modelljahr 1992 (N-Programm): Das Porsche 964 RS Coupé wird aufgelegt, eine Sportversion mit deutlich reduzierter Ausstattung. Es stellt den ersten konsequenten Versuch von Porsche dar, einen Nachfolger für den legendären Porsche 911 RS aus dem Modelljahr 1973 anzubieten. Der Leistungszuwachs fällt mit 10 PS (7 kW) auf nun 260 PS (191 kW) durch die Umstellung auf den Betrieb mit Super plus nicht sehr üppig aus, aber der Wagen profitiert in erster Linie von der 130-Kilogramm-Gewichtsersparnis gegenüber dem 964 C2 und einer sportlicheren Gesamtauslegung. Da sich der 964 RS nicht für den amerikanischen Markt typisieren lässt, bietet Porsche dort das Porsche 964 RS America Coupé an, basierend auf dem 964 C2 mit anderem Fahrwerk und einem fest montierten Heckspoiler. In einer Kleinserie für den Motorsport wird der Porsche 964 Turbo S aufgelegt mit 381 PS (280 kW) aus 3,3 Litern Hubraum. Erstmals gibt es das Porsche 964 C2 Cabriolet auch in der Werksturbo-Look-Ausstattung (WTL). Der Turbo ist mit Werksleistungssteigerung verfügbar, 355 PS (261 kW) hat der 3,3-Liter-Motor.

Modelljahr 1993 (P-Programm): Auch der 964 C4 ist nun als Coupé WTL lieferbar, von dieser Variante gibt es auch ein Sondermodell zum 30sten Geburtstag des Porsche 911, umgangssprachlich „Porsche 964 Jubi" genannt. Außerdem erscheint der Turbo in einer erstarkten Variante mit einem 3,6-Liter-Motor, der 360 PS (265 kW) leistet, 40 mehr als das bisher angebotene 3,3-Liter-Triebwerk. Ergänzend wird der 964 in einer schmalen Variante als Speedster angeboten, einige wenige Exemplare werden auch als WTL-Variante ausgeliefert. Ebenfalls neu ist das in einer kleinen Stückzahl von nur 90 Exemplaren angebotene 964 RS 3,8 Coupé mit 300 PS (221 kW) aus 3,8 Litern Hubraum. Der 964 RS ist nicht mehr lieferbar.

Modelljahr 1994 (R-Programm): Nachdem schon der Nachfolger 993 C2 Coupé präsentiert worden ist, laufen noch bis Dezember 1993 die Modelle 964 C2 Cabrio, 964 C4 WTL, 964 Speedster und Turbo 3,6 weiter vom Band.

FIN-Hinweise

Findet sich kein Produktionsaufkleber mehr unter der Haube und ist auch noch das Serviceheft verschwunden, kann die Fahrzeugidentifikationsnummer (FIN) ein paar Informationen über den Wagen preisgeben. Es lässt sich zum Beispiel erkennen, ob es sich um eine USA-Ausführung handelt oder um einen echten 964 RS und keinen Nachbau. Die Länderkürzel bedeuten: USA = Amerika, CDN = Kanada. Die unten stehende Auflistung beginnt mit der 7. Ziffer der Fahrgestellnummer, die 9. Stelle (Füll- oder Prüfziffer) wurde weggelassen.

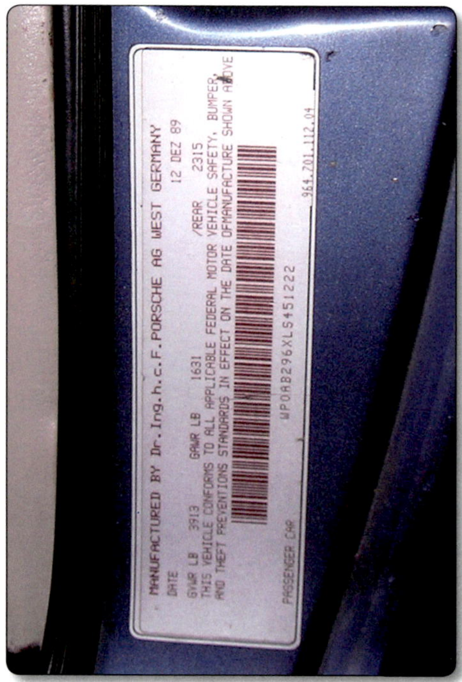

Bei diesem 964 C4 für den amerikanischen Markt aus dem Modelljahr 1990 befindet sich ein zusätzlicher FIN-Aufkleber am Schlossblech der B-Säule auf der Fahrerseite. Auf ihm ist sogar der Produktionstag vermerkt.
Foto: Dirk Oßmann

Die Fahrgestellnummer ist nicht nur auf dem FIN-Schild und dem Produktionsschild vermerkt, man findet sie bei den Modellen 964 und 993 auch eingeschlagen auf dem Kofferraumboden, hier bei einem 964 Coupé. Foto: Dirk Oßmann

Modelljahr 1989:

Modell	Fahrgestellnummer
911 Carrera 4 Coupé	96KS4 00061 - 05000
911 Carrera 4 Coupé USA/CDN	96KS4 50061 - 55000

Modelljahr 1990:

Modell	Fahrgestellnummer
911 Carrera 2 od. 4 Coupé	96LS4 00061 - 05000
911 Carrera 2 od. 4 Targa	96LS4 10061 - 15000
911 Carrera 2 od. 4 Cabrio	96LS4 20061 - 25000
911 Carrera 2 od. 4 Coupé USA/CDN	96LS4 50061 - 59500
911 Carrera 2 od. 4 Targa USA/CDN	96LS4 60061 - 69500
911 Carrera 2 od. 4 Cabrio USA/CDN	96LS4 70061 - 79500

Modelljahr 1991:

Modell	Fahrgestellnummer
911 Carrera 2 od. 4 Coupé	96MS4 00061 - 08000
911 Carrera 2 od. 4 Targa	96MS4 30061 - 38000
911 Carrera 2 od. 4 Cabrio	96MS4 50061 - 58000
911 Turbo Coupé	96MS4 70061 - 75000
911 Carrera 2 od. 4 Coupé USA/CDN	96MS4 10061 - 18000
911 Carrera 2 od. 4 Targa USA/CDN	96MS4 40061 - 48000
911 Carrera 2 od. 4 Cabrio USA/CDN	96MS4 60061 - 68000
911 Turbo Coupé USA/CDN	96MS4 80061 - 85000

Modelljahr 1992:

Modell	Fahrgestellnummer
911 Carrera 2 od. 4 Coupé	96NS4 00061 - 08000
911 Carrera 2 od. 4 Targa	96NS4 30061 - 38000
911 Carrera 2 od. 4 Cabrio	96NS4 50061 - 58000
911 Turbo Coupé	96NS4 70061 - 75000
911 Carrera 2 RS (incl. M002 Touring)	96NS4 90061 - 96000
911 Carrera 2 od. 4 Coupé USA/CDN	96NS4 20061 - 28000
911 Carrera 2 od. 4 Targa USA/CDN	96NS4 40061 - 48000
911 Carrera 2 od. 4 Cabrio USA/CDN	96NS4 60061 - 68000
911 Turbo Coupé USA/CDN	96NS4 80061 - 85000
911 Carrera 2 RS America USA/CDN	96PS4 18061 - 18999

Modelljahr 1993:

Modell	Fahrgestellnummer
911 Carrera 2 od. 4 Coupé	96PS4 00061 - 08000
911 Carrera 2 od. 4 Targa	96PS4 30061 - 35000
911 Carrera 2 od. 4 Cabrio	96PS4 50061 - 54000
911 Carrera 2 Speedster	96RS4 55061 - 58000
911 Turbo 3,6 Coupé	96PS4 70061 - 75000
911 Carrera 2 od. 4 Coupé USA/CDN	96PS4 20061 - 28000
911 Carrera 2 od. 4 Targa USA/CDN	96PS4 40061 - 45000
911 Carrera 2 od. 4 Cabrio USA/CDN	96PS4 60061 - 68000
911 Carrera 2 Speedster USA/CDN	96RS4 65061 - 68000
911 Turbo 3,6 Coupé USA/CDN	96RS4 80061 - 85000
911 Carrera 2 RS America USA/CDN	96PS4 19061 - 19999

Modelljahr 1994:

Modell	Fahrgestellnummer
911 Carrera 4 Coupé	96RS4 00051 - 08000
911 Carrera 2 Cabrio	96RS4 50061 - 54000
911 Carrera 2 Speedster	96RS4 55061 - 58000
911 Turbo 3,6 Coupé	96RS4 70061 - 75000
911 Carrera 2 od. 4 Coupé USA/CDN	96RS4 20061 - 28000
911 Carrera 2 Cabrio USA/CDN	96RS4 60061 - 64000
911 Carrera 2 Speedster USA/CDN	96RS4 65061 - 68000
911 Carrera 2 RS America USA/CDN	96RS4 19061 - 19999
911 Turbo 3,6 Coupé USA/CDN	96RS4 80061 - 85000

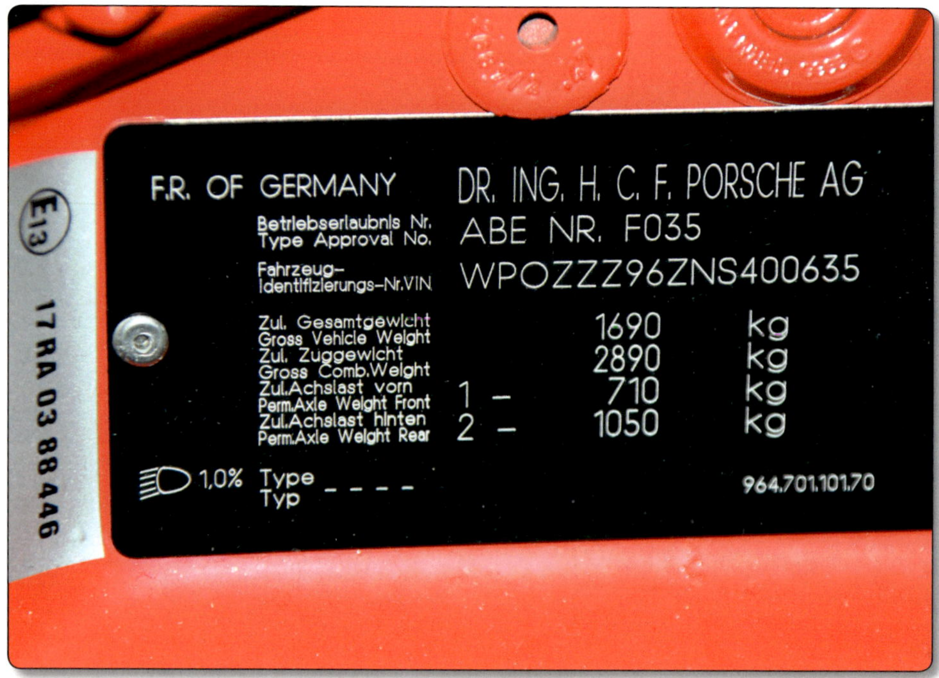

Im Kofferraum vorne rechts ist bei den Porsche 964 das Fahrzeugidentifikationsschild montiert. Es versteckt sich unter der Teppich-Auskleidung. Foto: Holger Scheller

Das Produktionsschild

Allgemeine Hinweise zum Produktionsschild finden sich im **Kapitel Allgemeiner Aufbau/Schilderkunde.** Hier werden die für den Porsche 964 spezifischen Angaben behandelt.

In der zweiten Zeile finden sich die Angaben „964", gefolgt von einer weiteren dreistelligen Zahl. Mit ihr werden die einzelnen Modelle unterschieden.

964 130 .... Carrera 4 Coupé
964 131 .... Carrera 4 Coupé rechtsgelenkt
964 140 .... Carrera 4 Coupé California
964 150 .... Carrera 4 Coupé Werks-Turbolook USA & Jubi
964 151 .... Carrera 4 Coupé Werks-Turbolook & Jubi rechtsgelenkt

964 230 .... Carrera 4 Targa
964 231 .... Carrera 4 Targa rechtsgelenkt
964 240 .... Carrera 4 Targa California

964 320 .... RS America Coupé

964 330 .... Carrera 2 Coupé
964 331 .... Carrera 2 Coupé rechtsgelenkt
964 340 .... Carrera 2 Coupé California

964 360 .... Carrera RS und Carrera RS 3,8
964 361 .... Carrera RS rechtsgelenkt

964 430 .... Carrera 2 Targa
964 431 .... Carrera 2 Targa rechtsgelenkt
964 440 .... Carrera 2 Targa California

964 530 .... Carrera 4 Cabrio

964 531 .... Carrera 4 Cabrio rechtsgelenkt
964 540 .... Carrera 4 Cabrio California

964 630 .... Carrera 2 Cabrio
964 631 .... Carrera 2 Cabrio rechtsgelenkt
964 640 .... Carrera 2 Cabrio California
964 650 .... Carrera 2 Cabrio Werks-Turbolook
964 651 .... Carrera 2 Cabrio Werks-Turbolook rechtsgelenkt
964 770 .... Turbo
964 771 .... Turbo rechtsgelenkt
964 830 .... Speedster

Motor- und Getriebevarianten

In der dritten Zeile finden sich Angaben, welche Motor- und Getriebevariante zum Einsatz kamen. Eine laufende Seriennummer ist allerdings nicht vermerkt. Es kann jedoch nicht schaden zu überprüfen, ob der originale Motor- und Getriebetyp verbaut sind, teilweise finden sich in Motor- und Getriebenummern Hinweise auf das Modelljahr. Diese sollten in der Regel übereinstimmen mit dem Modelljahr des Fahrzeuges. Bei Importfahrzeugen ist zu beachten: Fahrzeuge aus der Schweiz besitzen eine längere Getriebeübersetzung, Exemplare des 964 C2 mit Schaltgetriebe und Tiptronic aus den USA ab Mj. 92 sind mit einem „längeren" Achsantrieb ausgerüstet.

Dieses Porsche Carrera C2 Coupé, ein frühes Exemplar aus dem Modelljahr 1992, wurde vor der Auslieferung mit Zubehör aus der Exklusive-Abteilung versehen, wie man an den X-Codes erkennen kann. Foto: Holger Scheller

Motoren

Die Nummer mit dem Motortyp findet sich oben auf dem rechten Kurbelwellengehäuse eingeschlagen.

M64 01..... 3,6-Liter-Saugmotor, 250 PS (184 kW), Schaltgetriebe
M64 02 .... 3,6-Liter-Saugmotor, 250 PS (184 kW), Tiptronic
M64 03 ....3,6-Liter-Saugmotor für RS, 260 PS (191 kW), Schaltgetriebe
M64 04 .... 3,8-Liter-Saugmotor für RS 3,8, 300 PS (221 kW), Schaltgetriebe

M30 69 ....3,3-Liter-Turbomotor, 320 PS (235 kW), Schaltgetriebe

M30 69S ....3,3-Liter-Turbomotor mit WLS 355 PS (261 kW), Schaltgetriebe
M64 50 ....3,6-Liter-Turbomotor, 360 PS (265 kW), Schaltgetriebe

Motornummern

Die Motornummer ist achtstellig und befindet sich am Motorblock rechts neben dem Lüfterrad. Die erste Serienzählnummer lautet 501. Um welche Motorausführung es sich handelt, lässt sich nicht nur am eingeschlagenen Motortyp erkennen, sondern auch anhand der Zählnummer erschließen. Der Motortyp ist auf dem Kurbelgehäuse eingeschlagen rechts neben dem Lüfterrad. Zum Motor M64 04 haben wir in dem Bereich keine Unterlagen gefunden.

Motor 64 01:

Modelljahr 1989..62K 00501 - 10000
Modelljahr 1990..62L 00501 - 50000
Modelljahr 1991 .... 62M 00501 - 20000
Modelljahr 1992..62N 00501 - 20000
Modelljahr 1993.. 62P 00501 - 20000
Modelljahr 1994..62R 00501 - 20000

Der Code „964 830" verrät: Bei diesem Wagen handelt es sich um einen der seltenen 964 Speedster.
Foto: Tobias Kindermann

Das luftgekühlte, zwangsbeatmete 3,3-Liter-Triebwerk stellt satte 381 PS zur Verfügung – damit erreicht der 964 Turbo S Leichtbau ein Spitzentempo von fast 300 km/h. Porsche präsentierte diese Sonderserie auf dem Genfer Automobilsalon im Jahre 1992. Insgesamt wurden in Zuffenhausen nur 86 Exemplare dieses Ausnahmesportlers gebaut.

Motor 64 02:

Modelljahr 1990 .... 62L 50501 - 60000
Modelljahr 1991 .... 62M 50501 - 60000
Modelljahr 1992 .... 62N 50501 - 60000
Modelljahr 1993 .... 62P 50501 - 60000
Modelljahr 1994 .... 62R 50501 - 60000

Motor 64 03

Modelljahr 1992 .... 62N 80501 - 90000

Motor 30 69:

Modelljahr 1991 .... 61M 00501 - 50000
Modelljahr 1992 .... 61N 00501 - 20000

Motor 30 69S

Für diesen Motor, der leistungsgesteigerten 3,3-Liter-Turbo-Variante, sind uns keine eigenen Zählnummern bekannt, so dass man davon ausgehen kann, dass jene vom Motor 30 69 Anwendung fanden.

Motor 64 50:

Modelljahr 1993 .... 61P 00501 - 20000
Modelljahr 1994 .... 61R 00501 - 20000

Getriebetyp

G64 00 .... 5-Gang-Getriebe Carrera 4
G64 01 .... 5-Gang-Getriebe Carrera 4 für Schweiz (1. bis 4. Gang länger übersetzt)

G50 03 .... 5-Gang-Getriebe Carrera 2 RdW.
G50 04 .... 5-Gang-Getriebe Carrera 2 Schweiz (1. bis 4. Gang länger übersetzt)
G50 05 .... 5-Gang-Getriebe Carrera 2 USA und RS America ab Mj. 92 (längere Achsübersetzung)
G50 10 .... 5-Gang-Getriebe Carrera RS mit Sperrdifferenzial (1. und 2. Gang länger übersetzt)
G50 52 .... 5-Gang-Getriebe Turbo 3,3 und 3,6, alle Modelle

A50 01 .... 4-Gang-Automatikgetriebe Carrera 2 Mj. 90/91
A50 02 .... 4-Gang-Automatikgetriebe Carrera 2 Mj. 92 bis 94 (außer USA)
A50 03 .... 4-Gang-Automatikgetriebe Carrera 2 Mj. 92 bis 94 USA (längerer Achsantrieb)

Getriebenummer

Sie besteht aus zwölf Stellen. Man sieht die Zahlen und Buchstaben von unten am Getriebe eingeschlagen.

Hier ein Beispiel: G6400 3L 00903

G6400 = ... Getriebetyp
3 = ... mit geregeltem Sperrdifferenzial (nur Getriebe G64 01 und 02), 1: ohne Sperrdifferenzial; 2: mit ZF-Sperrdifferenzial (nur Getriebe G50 03/04/05) M220
L = ... Modelljahr 1990 (K: 89; L:90; M: 91)
00903 = ... Zählnummer

Ab dem Modelljahr 1992 entfiel der Buchstabe für das Modelljahr, die Zählnummer hatte nun 6 Stellen.

Bis zum Modelljahr 1991 wurden werksseitig die Getriebenummern 1 bis 100 für die Versuchsabteilung reserviert, die Nummern 300 bis 400 für Sondergetriebe. Die erste Serienzählnummer lautete 501. Ab dem Modelljahr 1992 waren die Nummern 1 bis 2000 für den Versuch reserviert, die Serienproduktion beginnt mit der Nummer 2001.

Zusatzausstattung

Hier folgen ausschließlich jene Ausstattungsoptionen, die tatsächlich für den Porsche 964 lieferbar waren.

M-Optionen: Die in der normalen Preisliste aufgeführten Extras gelten als so genannte M-Optionen. Das „M“ wird aber auf dem Produktionsschild weggelassen. Porsche hat diese M-Optionen teilweise mehrfach vergeben, abhängig vom Typ kann also dieselbe Nummer ein völlig anderes Ausstattungsdetail beschreiben. Die Liste führt ausschließlich die 964-spezifischen Nummern.

Folgende M-Optionen waren für den Porsche 964 (alle Modelle inkl. Turbo) verfügbar. Teilweise wurden mit den M-Optionen auch länderspezifische Ausstattungsmerkmale bezeichnet:

M002	Touring-Ausstattung für Carrera RS z.Bsp. elektrische Fensterheber, Zentralverriegelung, Unterfahrschutz
M018	Leder-Sportlenkrad mit 30 mm erhöhter Nabe
M020	Geschwindigkeitsmesser mit Doppelskala mph, km/h
M024	Griechenland-Ausführung
M027	Kalifornien- Ausführung
M030	Sportfahrwerk
M034	Italien-Ausführung
M058	Pralldämpfer vorn und hinten
M061	Großbritannien-Ausführung
M062	Schweden-Ausführung
M063	Luxemburg-Ausführung
M070	Persenning
M096	Jubiläumsmodell „30 Jahre 911"
M111	Österreich-Ausführung
M113	Kanada-Ausführung
M114	Taiwan-Ausführung
M119	Spanien-Ausführung
M124	Frankreich-Ausführung
M126	Beschriftung französisch
M127	Beschriftung schwedisch

M130	Beschriftung englisch
M139	Sitzheizung, linker Sitz
M150	Betrieb mit verbleitem Kraftstoff
M151	Abweichende Teile für Motor
M156	Geräuschreduzierter Schalldämpfer
M157	3-Wege-Katalysator, mit Lambdasonde und digitaler Motor-Elektrik
M158	Radio Blaupunkt Reno SQR 46
M160	Radio Blaupunkt Charleston SQR 26
M176	Gebläse für Ölkühler
M185	2-Punkt-Gurte hinten, mit Aufrollautomatik
M186	2-Punkt-Gurte hinten, manuell
M193	Japan-Ausführung
M195	Vorbereitung Cellular-Telefonsystem
M197	Stärkere Batterie
M208	Anhängerkupplung
M215	Saudi-Arabien-Ausführung
M219	Ausgleichsgetriebe
M220	Sperrdifferenzial 40 %
M221	Sperrdifferenzial „Porsche"
M225	Belgien-Ausführung, Motorbezeichnung -B-

Der Porsche 964 bedeutete in der Weiterentwicklung des 911-Konzeptes einen großen Schritt nach vorne.
Foto: Holger Scheller

M249	Tiptronic-Getriebe
M261	Außenspiegel für Beifahrerseite -plan- , elektrisch verstell- und beheizbar
M277	Schweiz-Ausführung
M286	Intensiv-Waschanlage
M288	Scheinwerferreinigungsanlage
M325	Südafrika-/Neuseeland-Ausführung
M326	Radio Blaupunkt Berlin IQR 88 mit ARI
M327	Radio „Symphony RDS"
M328	bis Mj.1990: Radio Blaupunkt Bremen SQR 46 mit ARI, ab Mj.1991: Radio Blaupunkt Symphony SQR 49
M329	Radio Blaupunkt Toronto SQR 48
M330	Radio Blaupunkt Toronto SQR 46
M331	Radio „Porsche CR-1"
M332	Radio „Porsche CR-2"
M333	Radio Paris RCR 41
M334	Cassettenradio Bremen RCM 42
M335	3-Punkt-Automatik-Gurte, hinten
M339	Allradantrieb
M340	Sitzheizung, rechter Sitz
M341	Zentralverriegelung
M347	Schmiedefelgen platin-eloxiert, Felge 7x16", Reifen 225/50 VR 16

M379	Basissitz links, elektrisch höhenverstellbar
M380	Basissitz rechts, elektrisch höhenverstellbar
M381	Basissitz links, manuell verstellbar
M382	Basissitz rechts, manuell verstellbar
M383	Sportsitz links, elektrisch höhenverstellbar
M384	Schalensitz, links
M385	Schalensitz, rechts
M387	Sportsitz rechts, elektrisch höhenverstellbar
M395	Leichtmetallräder geschmiedet, 16"
M402	Cup-Gussrad, 16"
M403	Cup-Gussrad, 17"
M419	Fondgepäckauflage
M423	Kassetten- und Münzbehälter
M424	Automatische Heizungsregulierung
M425	Heckscheibenwischer
M430	Nebelscheinwerfer gelb
M433	Leder Lenkrad Atiwe
M437	Komfortsitz links, elektrisch verstellbar
M438	Komfortsitz rechts, elektrisch verstellbar
M439	Elektrische Verdeckbetätigung

M441	Radiovorbereitung
M449	Guss-Notrad
M451	Reduzierte Radiovorbereitung
M454	Automatische Geschwindigkeitsregulierung
M462	Sekuriflex-Frontscheibe
M463	Frontscheibe klar
M467	Außenspiegel Fahrerseite konvex, elektrisch verstell- und beheizbar
M479	Australien-Ausführung
M481	Schaltgetriebe
M454	USA-Ausführung
M487	Schaltung Nebelscheinwerfer mit Begrenzungslicht
M488	Beschriftung deutsch
M490	Klangpaket
M491	Turbo-Look
M492	Scheinwerfer für Linksverkehr
M494	Zusatzverstärker
M496	Telefonvorbereitung Philips C-Netz
M498	Entfall der Modellbezeichnung am Heck
M499	Ausführung für die Bundesrepublik Deutschland
M503	Cabrio-Variante (Speedster)

M513	Lordosenstütze rechter Sitz
M525	Alarmanlage mit Dauerton
M526	Türtafeln in Stoff
M528	Außenspiegel Beifahrerseite konvex, elektr. verstell- und beheizbar
M533	Alarmanlage
M534	Diebstahlsicherungsanlage
M545	92-Liter-Tank
M553	USA-/Kanada-Ausführung
M559	Kälteanlage
M561	Airbag Fahrerseite
M562	Airbag Fahrer- und Beifahrerseite
M564	Ohne Airbag
M567	Frontscheibe im oberen Bereich stark eingefärbt
M573	Klimaanlage
M576	Ohne Nebelschlussleuchte
M579	Hongkong-Ausführung
M586	Lordosenstütze linker Sitz
M592	ABS (Antiblockiersystem) von Bosch/Teves
M593	ABS von Bosch
M602	Hochgesetzte Bremsleuchte

M605	Leuchtweitenregulierung
M612	Telefonvorbereitung Philips C2-Netz
M614	Telefonvorbereitung Motorola D-Netz
M615	Telefonanlage D-Netz
M650	Elektrisches Schiebedach
M656	Ohne Servolenkung
M657	Servolenkung
M659	Bordcomputer
M685	Geteilte Rücksitzanlage
M686	Radio Blaupunkt Ludwigsburg SQM 26 mit ARI
M690	CD-Player „CD-10“ Radio + ARI
M691	CD-Player „CD-2“ mit Radio
M692	CD-Wechsler „Porsche“
M693	CD-Radio London RDM 42
M900	Touristen-Fahrzeuge
M930	Sitzbezüge hinten, Leder
M931	Sitzbezüge hinten, Kunstleder
M932	Sitzbezüge hinten, Stoff-Kunstleder/Kunstleder
M933	Sitzbezüge hinten, Stoff-Leder/Leder
M934	Sitzbezüge hinten, Stoff-Stoff/Kunstleder
M935	Sitzbezüge hinten, Raffleder
M946	Sitzbezüge vorne, Leder-Leder/Kunstleder
M947	Sitzbezüge, vorne: Stoff-Leder/Kunstleder; hinten: Stoff-Kunstleder/Kunstleder
M948	Sitzbezüge vorne: Stoff-Leder/Leder
M975	Kofferraumverkleidung mit Veloursteppich
M980	Raffleder-Sitzbezüge
M981	Lederausstattung, ohne Sitzbezüge
M983	Sitzbezüge vorne, Leder
M986	Teilleder-Ausstattung
M990	Sitzbezüge vorne, Stoff-Stoff/Kunstleder

In einer kleinen Stückzahl von lediglich 90 Exemplaren wurde der 964 RS 3,8 Coupé gefertigt. Sein Triebwerk generiert aus 3,8 Litern Hubraum eine Leistung von 300 PS (221 kW).

I-Optionen: Hinzu kommen die in der Exclusive-Abteilung hinzugefügten Extras. Hier handelt es sich sowohl um technische Sonderausstattungen als auch Veränderungen in der Innenausstattung. Diesen Optionen wurde ein „I" vorausgeschickt, das aber auch nicht auf dem Produktionsschild zu finden ist. In der nachfolgenden Übersicht entfällt das „I" deshalb ebenfalls.

Außerdem finden sich auf dem Produktionsschild fünfstellige Nummern. Damit wurden bei Porsche montierte Exclusive-Ausstattungen bezeichnet, die aufgrund ihres Umfangs oft zu Paketen zusammengefasst und mit einer solchen fünfstelligen Nummer beschrieben wurden. Diese Angaben können nur von Porsche selbst entschlüsselt werden.

Von der Exclusive-Abteilung wurden folgende Extras angeboten:

X17	Instrumententräger und Schalttafelblende mit Wurzelholz hell verkleidet (Airbag-Ausführung)
X18	Instrumententräger und Schalttafelblende mit Wurzelholz dunkel verkleidet (Airbag-Ausführung)
X19	Instrumententräger und Schalttafelblende (Airbag) mit Leder beziehen
X20	Ultraschall-Alarmanlage mit Abschlepp- und Räderschutz
X21	Einbau Telefonkonsole „C2T/C4T" (ohne Telefoneinbau, Airbag-Ausführung)
X24	Tiptronic Wählhebel in Wurzelholz dunkel
X25	Tiptronic Wählhebel in Wurzelholz hell
X26	Airbag-Lenkrad komplett mit Leder beziehen
X27	Sicherheitsbügel 911 Carrera 2/4/Cabrio (mit Leder bezogen)
X28	Airbag-Lenkrad kombiniert Wurzelholz hell/Leder nach Wahl
X30	Airbag-Lenkrad kombiniert Wurzelholz dunkel/Leder nach Wahl
X31	Griff für Handbremshebel in Wurzelholz hell

X32	Griff für Handbremshebel in Wurzelholz dunkel
X33	Motor-Leistungssteigerung (911 Turbo)
X34	Instrumentenringe mit Leder beziehen, Instrumentenzifferblätter lackieren, wahlweise in den Farben Klassikgrau, Carraragrau, Sherwoodgrün, Magenta, Kobaltblau, Marineblau, Kaschmirbeige
X36	Fahrzeug tiefer legen (ohne Sportfahrwerk)
X37	Einsatz für Schalthebelknopf in Farbe Silber, Gravur nach Wahl
X40	Sonnenblenden links und rechts, in rechter Sonnenblende Leseleuchte
XC3	Hardtop (ohne Erstmontage)
XC4	Einsatz für Schalthebelknopf, Porsche-Wappen Leder geprägt
XC5	Einsatz für Schalthebelknopf, Porsche-Wappen gold
XC6	Einsatz für Schalthebelknopf, Porsche-Wappen silber
XC7	Einsatz für Schalthebelknopf, Porsche-Wappen emailliert
XC8	Schalthebelknopf in Wurzelholz hell mit Schaltschema incl. Schaltmanschette
XC9	Schalthebelknopf in Wurzelholz dunkel mit Schaltschema incl. Schaltmanschette
XD4	Radnabenabdeckungen mit Porsche-Wappen farbig
XD6	Sportfahrwerk 911 Carrera 2/911 Carrera 4
XD7	Querstrebe für Stoßdämpferdome vorne
XD8	Anhängekupplung
XD9	Felgensterne in Wagenfarbe lackieren
XE2	4-Endrohr-Auspuff (911 Turbo)

XF1	Instrumententräger und Schalttafelblende mit Leder beziehen
XF5	Instrumentenringe mit Leder beziehen
XF6	Abdeckung Mitteltunnel (unter dem Handbremshebel) mit Leder beziehen
XF7	Ablage (hinter Handbremshebel) mit Leder beziehen
XF8	Mittelkonsole „C2/C4“ mit Leder bezogen (diverse Einbauten möglich)
XF9	Einbau CD-Player Blaupunkt in Mittelkonsole „C2/C4“
XG1	Lenkrad Typ F/Ati I handgenäht, Porsche-Wappen geprägt, Lederfarbe nach Wahl
XG2	Lenkrad Typ F/Ati I handgenäht, Porsche-Wappen gold, Lederfarbe nach Wahl
XG3	Lenkrad Typ F/Ati I handgenäht, Porsche-Wappen silber, Lederfarbe nach Wahl
XG4	Lenkrad Typ F/Ati I handgenäht, Porsche-Wappen emailliert, Lederfarbe nach Wahl
XG6	Lenkradkranz 4-Speichen-Lenkrad mit Leder beziehen, Lederfarbe nach Wahl
XG7	Lenkrad Typ F/Ati I Lederfarbe schwarz, Porsche-Wappen nach Wahl od. Leder geprägt
XH6	4-Speichen-Signaltaster mit Leder beziehen, Porsche-Wappen Leder geprägt
XH7	4-Speichen-Signaltaster mit Leder beziehen, Porsche-Wappen gold
XH8	4-Speichen-Signaltaster mit Leder beziehen, Porsche-Wappen silber
XH9	4-Speichen-Signaltaster mit Leder beziehen, Porsche-Wappen emailliert
XJ1	4-Speichen-Signaltaster mit Leder beziehen, Porsche-Wappen emailliert matt (USA)
XJ2	Pralltopf mit Leder beziehen
XJ3	Rosetten incl. Drehknöpfe für Innentürverriegelung mit Leder beziehen
XJ4	Rosette für Zündschloss mit Leder beziehen

XJ5	Zünd-/Türschlüssel mit Leder beziehen
XJ6	Lenksäulenverkleidung mit Leder beziehen
XJ8	Tiptronic Wählhebel mit Leder beziehen, Lederfarbe nach Wahl
XK7	Schalthebelknopf und Schaltmanschette mit Leder beziehen, Farbe nach Wahl
XK8	Einsatz für Schalthebelknopf, in Farbe Gold, Gravur nach Wahl
XM3	Instrumententräger und Schalttafelblende mit Wurzelholz hell verkleidet
XM4	Instrumententräger und Schalttafelblende mit Wurzelholz dunkel verkleidet
XM5	Bedienungsknöpfe mit Leder beziehen (4 Stück incl. Einbau)
XM7	Knopf für Handschuhkastenschloss mit Leder beziehen
XM8	Warnblinkschalter mit Leder beziehen
XM9	Betätigungsgriff für Blinker-/Wischerschalter mit Leder beziehen
XN1	Fensterheberschalter mit Leder beziehen (3 Stück)
XN2	Innere Betätigungshebel für Türöffner mit Leder beziehen
XN3	Luftseitendüsen im Armaturenbrett mit Leder beziehen
XN4	Luftmitteldüse im Armaturenbrett mit Leder beziehen
XN7	Handbremshebel mit Leder beziehen
XN8	Sonnenblenden links und rechts mit Leder beziehen
XN9	Sonnenblenden links und rechts mit Leder beziehen, in rechter Sonnenblende Make-Up-Spiegel beleuchtet
XO1	Lenkrad Typ F/Ati II Lederfarbe schwarz, Porsche-Wappen Leder geprägt
XO2	Lenkrad Typ F/Ati II Lederfarbe schwarz, Porsche-Wappen gold

XO3	Lenkrad Typ F/Ati II Lederfarbe schwarz, Porsche-Wappen silber
XO4	Lenkrad Typ F/Ati II Lederfarbe schwarz, Porsche-Wappen emailliert
XO5	Lenkrad Typ F/Ati II handgenäht, Lederfarbe nach Wahl, Porsche-Wappen Leder geprägt
XO6	Lenkrad Typ F/Ati II handgenäht, Lederfarbe nach Wahl, Porsche-Wappen gold
XO7	Lenkrad Typ F/Ati II handgenäht, Lederfarbe nach Wahl, Porsche-Wappen silber
XO8	Lenkrad Typ F/Ati II handgenäht, Lederfarbe nach Wahl, Porsche-Wappen emailliert
XO9	Mittelkonsole „C2/C4" mit Leder bezogen (Airbag-Ausführung, diverse Einbauten möglich)
XP3	Cabrio-Verdeck-Abdeckung in Leder
XP4	Vordere und hintere Fußbodenteppiche mit Leder einfassen
XP6	Sicherheitsgurtschlösser und Gurtpeitschen vorne mit Leder beziehen
XP9	Lautsprecherabdeckungen mit Leder beziehen (6 Stück)
XR3	Abdeckungen für Sitzbeschläge vorne mit Leder beziehen
XR6	Lehnenentriegelung vorne mit Leder beziehen (4 Stück)
XR7	Heckscheibenwaschdüse
XS2	Einbau Innen-/Außenthermometer in Mittelkonsole „C2/C4"
XS3	Einbau Voltmeter in Mittelkonsole „C2/C4"
XS7	Drehzahlmesser mit integriertem Außenthermometer
XT2	Dachantenne für Telefonanlage, Telefonweiche montieren (weitere Telefoneinbauten werden nach Aufwand berechnet z.B. Telefontyp Siemens, Becker, Bosch etc.)
XT5	Telefonhörer und Halter mit Leder beziehen

XU1	Fernsteuerung für Zentralverriegelung
XU2	Ultraschall-Alarmanlage ohne Abschlepp- und Räderschutz
XU4	Klappfächer für Kassetten und CD Cartridge mit Leder bezogen (unter den Knieschutzleisten links und rechts)
XU5	Einbau angelieferte Telefonanlage Philips Porty mit Telefonkonsole „C2T/C4T" Sende-/Empfangsgerät im Bereich Reserverad montiert, Telefonvorbereitung über Z-Antrag
XU6	Einbau angelieferte Telefonanlage Philips Porty mit Telefonkonsole „C4T" Sende-/Empfangsgerät im linken Notsitzbereich montiert, Telefonvorbereitung über Z-Antrag
XU7	Einbau Telefonkonsole „C2T/C4T" (ohne Telefon-einbau)
XU8	Innenbeleuchtung mit Verzögerungs-Relais
XV1	Defrosterblende mit Leder beziehen
XV2	Abdeckkappen für Luftseitendüsen links und rechts mit Leder beziehen
XV3	Blende für Klima-/Heizungsregulierung mit Leder beziehen
XV4	Schalter für Sitzheizungsregulierung mit Leder beziehen
XV5	Schalter für Sitzverstellung mit Leder beziehen (6 Stück)
XV6	Blendenrahmen für Schalter/Sitzverstellung mit Leder beziehen
XV7	Knopf für Tankdeckelbetätigung mit Leder beziehen
XV8	Knopf für Spiegelverstellung mit Leder beziehen
XV9	Abdeckung für Sicherheitsgurtdurchführung mit Leder beziehen
XW1	Rosette für Gurtdurchführung vorne mit Leder beziehen
XW2	Sicherheitsgurtschlösser und Gurtpeitschen hinten mit Leder beziehen
XW3	Schalter für Heckscheibenwischer und Wischer Intensiv-reinigung mit Leder beziehen
XW4	Knopf für Lichtschalter mit Leder beziehen
XW5	Knopf für Scheibenwischer/Intervallschaltung und Armaturenbeleuchtung mit Leder beziehen
XW6	Rosette für Knöpfe Türinnenverriegelung mit Leder beziehen
XW7	Rosette für Warnsummer mit Leder beziehen
XW8	Abdeckkappen für Türgarnierleisten mit Leder beziehen
XW9	Abdeckleiste für Schweller links und rechts mit Leder beziehen
XX1	Fußmatten vorne mit „Porsche" oder „Exclusive" Schriftzug
XX2	Fußraumbeleuchtung für Fahrer- und Beifahrerseite
XX3	Türtaschenbeleuchtung links und rechts
XX6	Einsatz für Schalthebelknopf mit Leder beziehen, Schaltschema Leder geprägt
XX7	Fahrzeug auf 7x und 9x16''-Felgen umrüsten
XZ4	Rosette für Handschuhkastenschloss mit Leder beziehen

Das Farbschild

Folgende Farben waren für den Porsche 964 lieferbar:

Uni-Lacke

548 .... Apricotbeige
347 .... Dunkelblau
908 .... Grand-Prix-Weiß
60M .... Leinen
22C .... Muranogrün
38B .... Maritimblau
22R .... Minzgrün
700 .... Schwarz
719 .... Schwarz (ab Mj. 93)

82N .... Sternrubin
22S .... Signalgrün
80K........ Indischrot
12G........ Speedgelb (ab Mj. 93)
39E........ Rivierablau (ab Mj. 94)
39D .... Amarantviolett (ab Mj. 94)

Metallic-Lacke

37Z........ Amazonasgrün-Metallic
39Z........ Amazonasgrün-Metallic
38A........ Amethyst-Metallic
37U .... Cobaltblau-Metallic
40L........ Cognacbraun-Metallic
697 .... Diamantblau-Metallic
82H .... Korallenrot-Metallic
35V........ Marineblau-Metallic
980 .... Silber-Metallic
550 .... Leinen-Metallic
738 .... Schwarz-Metallic (bis Mj. 92)
746........ Schwarz-Metallic (ab Mj. 93)
81L .... Samtrot-Metallic
22D .... Schiefer-Metallic
693 .... Steingau-Metallic
92E........ Polarsilber-Metallic
22E........ Tannengrün-Metallic
37B........ Taubenblau-Metallic
22L........ Oakgrün-Metallic
37W........ Nachtblau-Metallic
37X........ Horizontblau-Metallic
83E........ Himbeerrot-Metallic
23I .... Wimbledongrün-Metallic
37E........ Veilchenblau-Metallic
39N .... Irisblau-Metallic (ab Mj. 94)
39R .... Aventuragrün-Metallic (ab Mj. 94)
39G .... Viola-Metallic (ab Mj. 94)

9898 .... Sonderfarbe aus vorhergehender Porsche-Serie
9999 .... *Sonderfarbe nach Farbmuster vom Kunden*

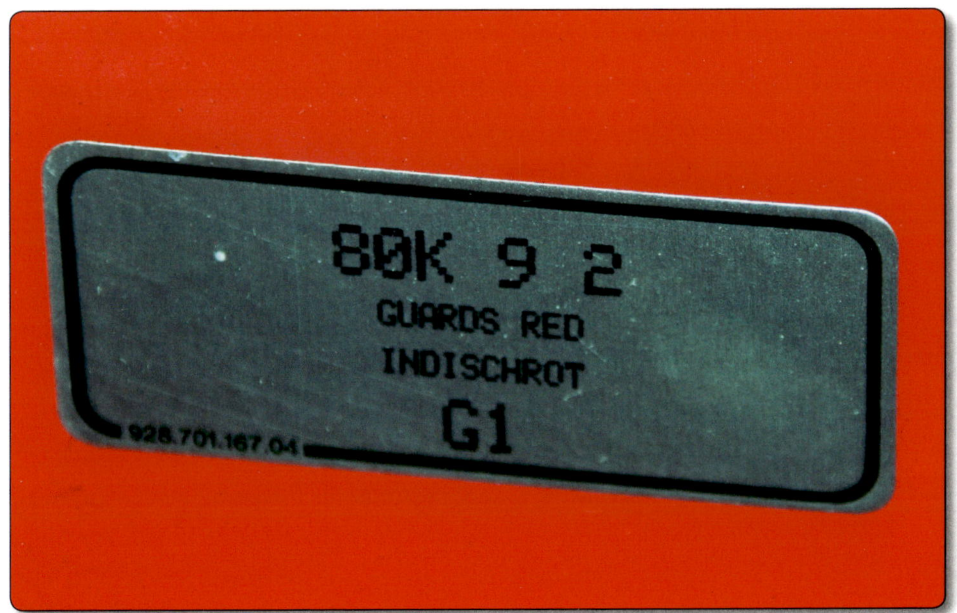

Eine der klassischen Porsche-Farben seit vielen Jahren: 80K – Indischrot lautet das Farbschild an diesem Porsche 964. Foto: Holger Scheller

Der Porsche 911 Turbo 3,3 war die erste aufgeladene Version des 964.

D
S JR 993
04
10

Porsche 911 – Typ 993

Modelljahr 1994 bis 1998

Kurzbeschreibung

Der Porsche 993 ist das erste Modell, bei dem Porsche die Grundform des Karosseriedesigns deutlich verändert hat. Die neu gestalteten breiteren vorderen Kotflügel verlaufen flacher, die Scheinwerfer liegen schräger. Trotzdem ist der 993 aerodynamisch etwas ungünstiger ausgefallen als sein Vorgänger, was wohl auch auf den höhergelegten Kofferraumdeckel zurückzuführen ist, der das Volumen auf 123 Liter vergrößert. Der Motor aus dem 964 wurde weiterentwickelt, unter anderem bekommt er einen hydraulischen Ventilspielausgleich und eine komplett neu gestaltete Auspuffanlage, die in zwei Endschalldämpfern links und rechts vom Motor mündet. Die Leistung steigt, auch bedingt durch die Umstellung auf den Betrieb mit Super plus, auf 272 PS (200 kW). Ein 6-Gang-Getriebe gehört jetzt zur Serienausstattung. Auch das Fahrwerk wird überarbeitet. Wichtigste Änderung: Im Heck des 911 kommt eine neue Mehrlenker-Achse zum Einsatz. Porsche überarbeitete auch die Innenausstattung.

Modelljahr 1994 (R-Programm): Produktionsbeginn für das Porsche 993 Coupé, Anfang 1994 läuft die Fertigung des 993 als Cabrio an. Für beide Versionen ist auch das Tiptronic-Getriebe erhältlich. Bis Ende des Jahres 1993 wird noch der Porsche 964 in einigen Varianten gefertigt (964 C2 Cabrio, 964 C4 WTL, 964 Speedster und Turbo 3,6). Der 3,6-Liter-Saugmotor wird vom Werk auch in zwei leistungsgesteigerten Varianten angeboten: als Werksleistungssteigerung mit 285 PS (210 kW) und 3,8 Litern Hubraum sowie von Porsche Motorsport mit 299 PS (220 kW) aus ebenfalls 3,8 Litern Hubraum.

Modelljahr 1995 (S-Programm): Der 993 mit Allradantrieb erscheint, erhältlich als Coupé und Cabrio. Im Frühjahr 1995 ergänzt das 993 Turbo Coupé mit Bi-Turbo-Aufladung, Allradantrieb und 408 PS (300 kW) die 911-Modellpalette. Für sportlich orientierte Kunden werden zudem spezielle 993-Varianten angeboten:

Andere Hinterachse, anderer Auspuff: Vor allem im Heckbereich sind in diesem Schnittbild die Unterschiede zum 964 gut zu erkennen.

Nachfolger des 964 RS wird das 993 RS Coupé mit 3,8-Liter-Saugmotor, Varioram-Saugrohr und 300 PS (221 kW); außerdem bietet man das 911 GT2 Coupé an, ein in Kleinserie produziertes Basisfahrzeug für den Motorsport, das in der heckangetriebenen Straßenversion einen 430-PS-Turbo-Motor (316 kW) besitzt. Die Tiptonic wird modifiziert - unter anderem gibt es nun Wipptasten am Lenkrad (nachrüstbar für Fahrzeuge aus dem Mj. 94) - und trägt nun die Zusatzbezeichnung „S". In einer Kleinserie werden einige 993 Cabrios mit dem Turbo-Motor des 964 Turbo 3,6 ausgestattet (360 PS/265 kW).

Modelljahr 1996 (T-Programm): Für die Porsche 993 Carrera und Carrera 4 wird das Varioram-Ansaugsystem aus dem 993 RS übernommen. Der in weiteren Details überarbeitete 3,6-Liter-Motor leistet nun 285 PS (210 kW). Außerdem erscheint der 993 Targa, der keinen Überrollbügel mehr besitzt wie die Vorgänger, sondern ein Glasdach, das in zwei Längsholmen geführt wird. Der Targa ist nur mit Heckantrieb lieferbar. Ebenfalls neu ist das 993 Carrera 4S Coupé, das die Karosserie vom Turbo besitzt, allerdings mit dem ausfahrbaren Heckspoiler der Saugmotor-Variante. Von Porsche Exclusive ist für das 911 Carrera Coupé und das Cabrio eine Werksleistungssteigerung auf 300 PS (221 kW) erhältlich. Das Turbo-Modell bekommt auf Wunsch ebenfalls eine Leistungszulage von 408 auf 430 PS (316 kW).

Modelljahr 1997 (V-Programm): Unter der Modellbezeichnung 993 Carrera S Coupé offeriert Porsche einen 993 C2 mit Turbo-Karosserie. Alle 993-Modelle mit Saugmotor bekommen das länger übersetzte Getriebe, das bisher nur in Ausführungen für die USA, Schweiz und Österreich verbaut wurde. Der 993 RS wird aus dem Programm genommen.

Modelljahr 1998 (W-Programm): In diesem Modelljahr erscheint mit dem Porsche 996 der Nachfolger, so dass nur noch wenige Modelltypen der Baureihe 993 produziert werden: Carrera S Coupé, Carrera 4S Coupé, Carrera Targa und der Turbo. Außerdem wird der 993 Turbo S in einer Kleinserie aufgelegt, ausgestattet

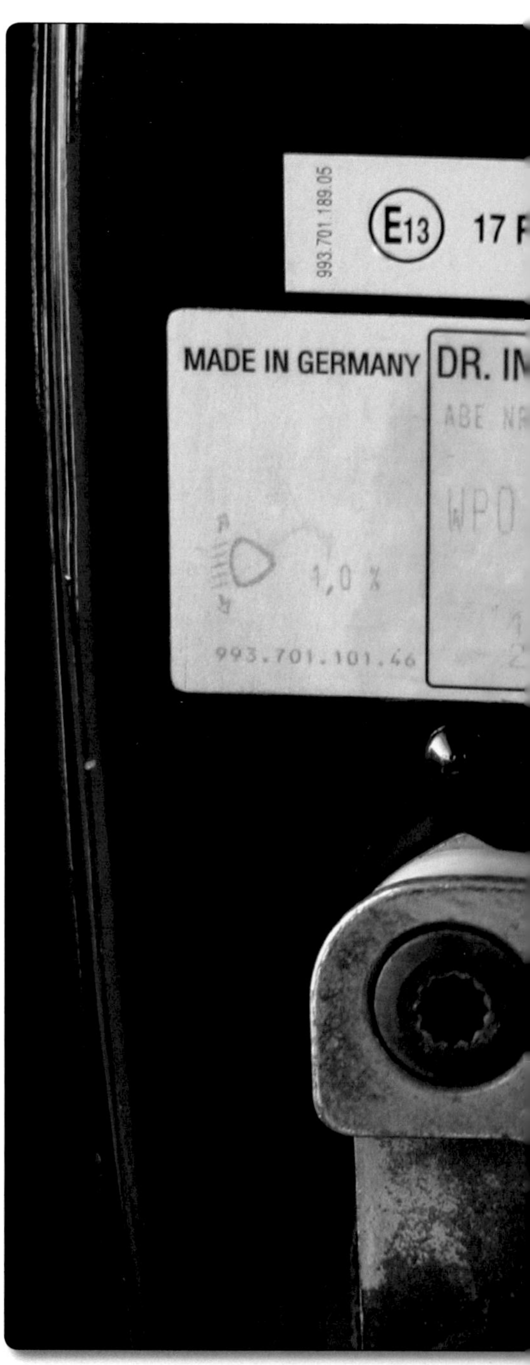

Seit dem Porsche 993 ist die Platzierung des Aufklebers für die Fahrzeugidentifikationsnummer auf dem Schlossblech an der B-Säule der Beifahrerseite.
Foto: Tobias Kindermann

mit dem Aerokit 2 und einem 450-PS-Motor (331 kW). Mit diesem Motor ist auf Wunsch auch der 993 Turbo erhältlich.

FIN-Hinweise

Befindet sich kein Produktionsaufkleber mehr unter der Haube und ist auch noch das Serviceheft verschwunden, kann die Fahrzeugidentifikationsnummer (FIN) ein paar Informationen über den Wagen preisgeben. Es lässt sich zum Beispiel erkennen, ob es sich um eine USA-Ausführung handelt oder um einen echten 964 RS und keinen Nachbau. Die Länderkürzel bedeuten: USA = Amerika, CDN = Kanada, BR = Brasilien und AG = Arabische Golfstaaten. Die unten stehende Auflistung beginnt mit der 7. Ziffer der Fahrgestellnummer, die 9. Stelle (Füll- oder Prüfziffer) wurde weggelassen. Für den Turbo S und den GT2 sind in den Porsche Werksunterlagen keine eigenen Fahrgestellnummern vermerkt. Vermutlich gilt für diese Kleinserien die Turbo-FIN. Da diese Autos nur in geringen Zahlen produziert wurden (weniger als 200 Stück vom GT2, 345 Stück vom Turbo S), empfiehlt sich eine genaue Kontrolle des jeweiligen Wagens.

Modelljahr 1994:

911 Carrera Coupé.................................99RS3 10061 - 19000
911 Carrera Cabrio.................................99RS3 30061 - 39000

911 Carrera Coupé USA/CDN.................... 99SS3 20061 - 29000
911 Carrera Cabrio USA/CDN .... 99SS3 40061 - 49000

Modelljahr 1995:

911 Carrera od. Carrera 4 Coupé ....99SS3 10061 - 19000
911 Carrera od. Carrera 4 Cabrio .... 99SS3 30061 - 39000
911 Carrera RS .... 99SS3 90061 - 90207
911 Carrera RS ....99TS3 90061 - 90640
911 Turbo..99TS3 70061 - 71089
911 Turbo S/CH/AG .... 99SS3 70061 - 73000

911 Carrera od.
Carrera 4 Coupé USA/CDN .... 99SS3 20061 - 29000
911 Carrera od.
Carrera 4 Cabrio USA/CDN....................... 99SS3 40061 - 49000

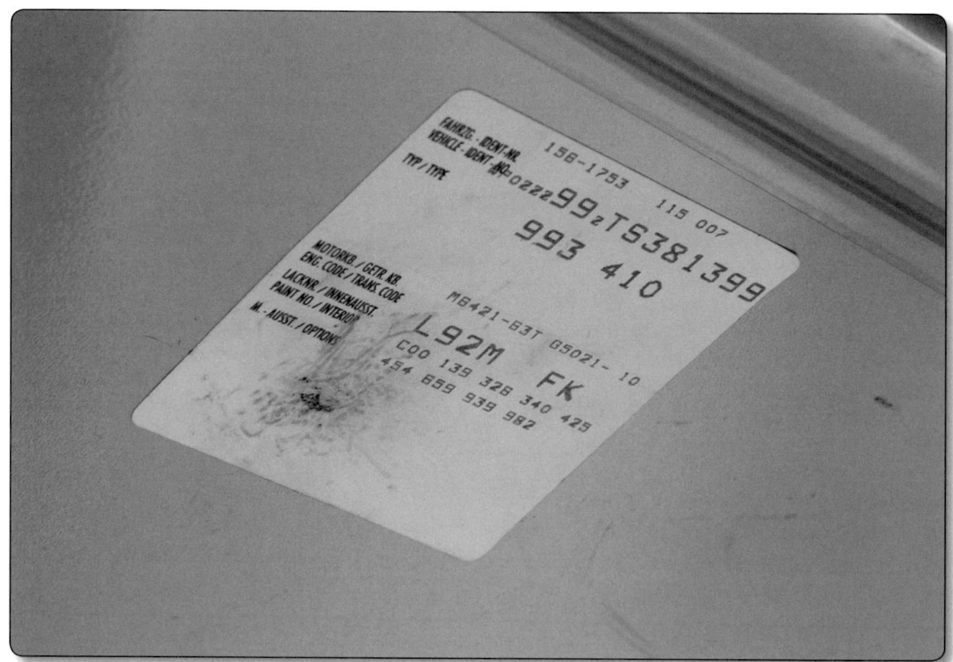

Das Produktionsschild befindet sich bei allen Baureihen auf der Innenseiten der Kofferraumhaube, ein zweites Exemplar klebt auf den ersten Seiten des Serviceheftes. Die Abteilung Porsche Classic bietet darüber hinaus ein Zertifikat oder eine Geburtsurkunde für den eigenen Porsche an. Foto: Tobias Kindermann

911 Turbo USA/CDN ....99TS3 75001 - 75544

Modelljahr 1996:

911 Carrera od. Carrera 4 Coupé .... 99TS3 10061 - 19000
991 Carrera od. Carrera 4 Cabrio...............99TS3 30061 - 39000
911 Targa..99TS3 80061 - 85000
911 Carrera RS..99SS3 90208 - 90999
911 Carrera RS..99TS3 90641 - 90800
911 Turbo..99TS3 71090 - 73000

911 Carrera od.
Carrera 4 Coupé USA/CDN/BR..................99TS3 20061 - 29000
911 Carrera od.
Carrera 4 Cabrio USA/CDN/BR ....99TS3 40061 - 49000
911 Targa USA/CDN/BR...........................99TS3 85061 - 89000
911 Turbo USA/CDN/BR...........................99TS3 75545 - 76000

Modelljahr 1997:

911 Carrera od. Carrera 4 Coupé ....99VS3 10061 - 19000
911 Carrera od. Carrera 4 Cabrio ....99VS3 30061 - 39000
911 Targa..99VS3 80061 - 85000
911 Turbo..99VS3 70061 - 73000

911 Carrera od.
Carrera 4 Coupé USA/CDN.......................99VS3 20061 - 29000
911 Carrera od.
Carrera 4 Cabrio USA/CDN.......................99VS3 40061 - 49000
911 Targa USA/CDN ....99VS3 85061 - 89000
911 Turbo USA/CDN ....99VS3 75061 - 76000

911 Carrera Coupé BR..............................99TS3 29601 - 29999
911 Carrera Coupé BR..............................99VS3 29201 - 29999
911 Carrera Coupé BR..............................99VS3 29401 - 29999
911 Carrera Cabrio BR.............................99VS3 49601 - 49999

Bei allen Fahrzeugen ab dem Modelljahr 1993 ist die Fahrzeugidentifikationsnummer durch die Windschutzscheibe unten am Windlauf neben der linken A-Säule zu sehen. Foto: Tobias Kindermann

911 Carrera 4 Cabrio BR........................... 99VS3 49801 - 49999
911 Targa BR... 99VS3 89801 - 89999
911 Turbo BR... 99VS3 79801 - 79999

Modelljahr 1998

Das Werk liefert offiziell nur noch die Modelle 993 Carrera S, 993 Carrera 4S und 993 Targa sowie den 993 Turbo aus. In den Werksunterlagen sind weiterhin auch FIN-Nummern für andere Modelle vermerkt. Ob sie aber tatsächlich (z.B. für eine Restproduktion) benötigt wurden, ist nicht bekannt.

911 Carrera od. Carrera 4 Coupé .... 99WS3 10061 - 19000
911 Carrera od. Carrera 4 Cabrio .... 99WS3 30061 - 39000
911 Targa.. 99WS3 80061 - 85000
911 Turbo.. 99WS3 70061 - 73000

911 Carrera od.
Carrera 4 Coupé USA/CDN .... 99WS3 20061 - 29000
911 Carrera od.
Carrera 4 Cabrio USA/CDN....................... 99WS3 40061 - 49000
911 Targa USA/CDN .... 99WS3 85061 - 89000
911 Targa BR... 99WS3 89801 - 89999
911 Turbo USA/CDN .... 99VS3 75061 - 77000

911 Carrera Coupé BR............................. 99WS3 29201 - 29999
911 Carrera 4 Coupé BR.......................... 99WS3 29401 - 29999
911 Carrera Cabrio BR............................. 99WS3 49601 - 49999
911 Carrera 4 Cabrio BR.......................... 99WS3 49801 - 49999
911 Turbo BR... 99WS3 79801 - 79999

911 Turbo MEX .... 99WS3 75061 - 77000

Egal ob als Coupé, Targa oder Cabrio: Der 993 gilt bis heute als äußerst ausgereifte Konstruktion und steht doch gleichzeitig für das Ende einer Epoche. Denn am 27. März 1998 lief nicht nur das letzte Exemplar eines luftgekühlten 911 vom Band, es war auch der Tag, an dem Ferry Porsche starb.

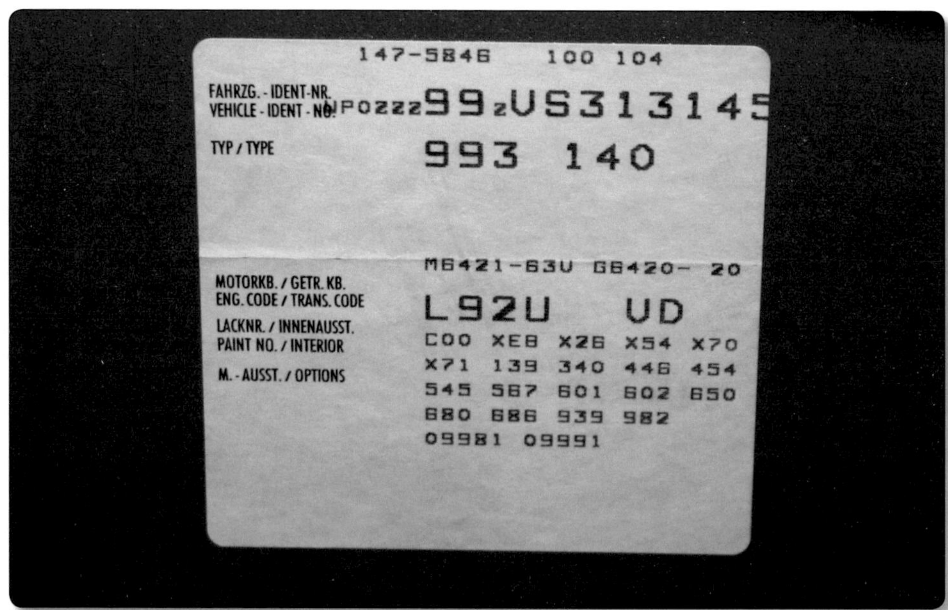

Dieser Porsche 993 4S wurde ab Werk mit besonders vielen Exklusive-Optionen ausgestattet. Foto: Tobias Kindermann

Das Produktionsschild

Allgemeine Hinweise zum Produktionsschild finden sich im **Kapitel Allgemeiner Aufbau/Schilderkunde.** Hier werden die für den Porsche 964 spezifischen Angaben behandelt.

In der zweiten Zeile finden sich die Angaben „993", gefolgt von einer weiteren dreistelligen Zahl. Mit ihr werden die einzelnen Modelle unterschieden.

993 130 .... Carrera 4 Coupé
993 131 .... Carrera 4 Coupé rechtsgelenkt
993 140 .... Carrera 4S Coupé
993 141 .... Carrera 4S Coupé rechtsgelenkt
993 330 .... Carrera Coupé
993 331 .... Carrera Coupé rechtsgelenkt
993 340 .... Carrera S Coupé
993 341 .... Carrera S Coupé rechtsgelenkt
993 370 .... Carrera RS
993 371 .... Carrera RS rechtsgelenkt
993 380 .... GT2
993 381 .... GT2 rechtsgelenkt
993 410 .... Carrera Targa
993 411 .... Carrera Targa rechtsgelenkt
993 530 .... Carrera 4 Cabrio
993 531 .... Carrera 4 Cabrio rechtsgelenkt
993 630 .... Carrera Cabrio
993 631 .... Carrera Cabrio rechtsgelenkt
993 770 .... Turbo
993 771 .... Turbo rechtsgelenkt
993 780 .... Turbo S
993 781 .... Turbo S rechtsgelenkt

Motor- und Getriebevarianten

In der dritten Zeile finden sich Angaben, welche Motor- und Getriebevariante zum Einsatz kamen. Eine laufende Seriennummer ist jedoch nicht vermerkt. Es kann jedoch nicht schaden, zu überprüfen, ob der originale Motor- und Getriebetyp verbaut ist, teilweise finden sich in Motor- und Getriebenummern Hinweise auf des Modelljahr. Diese sollten in der Regel übereinstimmen mit dem Modelljahr des Fahrzeuges. Bei Importfahrzeugen ist zu beachten: Hier wurden oft länger übersetzte Getriebe verbaut.

Motoren

Die Nummer mit dem Motortyp findet sich oben auf dem rechten Kurbelwellengehäuse eingeschlagen.

M64 05 ....3,6-Liter-Saugmotor, 272 PS (200 kW), Schaltgetriebe, RdW
M64 06 .... 3,6-Liter-Saugmotor, 272 PS (200 kW), Tiptronic, RdW
M64 07.............................3,6-Liter-Saugmotor, 272 PS (200 kW), Schaltgetriebe, USA/CDN
M64 08 ....3,6-Liter-Saugmotor, 272 PS (200 kW), Tiptronic, USA/CDN

M64 20 .... 3,8-Liter-Saugmotor für RS, 300 PS (221 kW), Schaltgetriebe

M64 21.............................3,6-Liter-Saugmotor, 285 PS (210 kW), Schaltgetriebe, RdW
M64 22 .....3,6-Liter-Saugmotor, 285 PS (210 kW), Tiptronic, RdW
M64 23 ....3,6-Liter-Saugmotor, 285 PS (210 kW), ... Schaltgetriebe, USA/CDN
M64 24.............................3,6-Liter-Saugmotor, 285 PS (210 kW), Tiptronic, USA/CDN
M64 60 ....3,6-Liter-Turbomotor, 408 PS (300 kW)

Vom Motor 64 05 gab es auch eine Leistungssteigerung ab Werk auf 285 PS (210 kW) (Exclusive-Abteilung) und 299 PS (220 kW) (Motorsport-Abteilung), jeweils verbunden mit einer Hubraumerhöhung auf 3,8 Liter.

Für den Motor 64 21 bot die Exclusive-Abteilung eine Leistungssteigerung auf 300 PS (210 kW) an, ebenfalls verbunden mit einer Hubraumerhöhung auf 3,8 Liter.

Der Motor 64 60 war ebenfalls in zwei leistungsgesteigerten Ausführungen lieferbar, nämlich 430 PS (316 kW) und ab Mj. 98 mit 450 PS (331 kW).

Die ab Werk leistungsgesteigerten Motoren wurden hinter der Typnummer mit einem „S" bzw. mit einem „R" versehen. Diese Information ist auch bei Ersatzteilbestellungen wichtig.

Motornummern

Die Motornummer ist achtstellig und befindet sich am Motorblock rechts neben dem Lüfterrad. Um welche Motorausführung es sich handelt, lässt sich nicht nur am eingeschlagenen Motortyp erkennen, sondern auch anhand der Zählnummer erschließen. Der Motortyp ist auf dem Kurbelgehäuse eingeschlagen rechts neben dem Lüfterrad.

Motor 64 05 (Schaltgetriebe):
Modelljahr 1994..63R 00501 - 20000
Modelljahr 1995..63S 00501 - 20000

Motor 64 06 (Tiptronic):
Modelljahr 1994..63R 50501 - 60000
Modelljahr 1995..63S 50501 - 60000

Motor 64 07 (USA/CDN):
Modelljahr 1994..64R 00501 - 20000
Modelljahr 1995..64S 00501 - 20000

Motor 64 08 Tiptronic (USA/CDN):
Modelljahr 1994..64R 50501 - 60000
Modelljahr 1995..64S 50501 - 60000

Motor 64 20 (RS):
Modelljahr 1995..63S 85501 - 90000
Modelljahr 1996..63T 85501 - 90000

Motor 64 21 (Schaltgetriebe):
Modelljahr 1995..63S 00501 - 20000
Modelljahr 1996..63T 00501 - 20000
Modelljahr 1997..63V 00501 - 20000
Modelljahr 1998..63W 00501 - 20000

Motor 64 22 (Tiptronic):
Modelljahr 1995..63S 50501 - 60000
Modelljahr 1996..63T 50501 - 60000

Die Getriebenummer bei diesem 993 Carrera 4 kann man nur von der Unterseite des Wagens erkennen. Foto: Markus Thede

Modelljahr 1997 .... 63V 50501 - 60000
Modelljahr 1998 .... 63W 50501 - 60000

Motor 64 23 (USA/CDN):

Modelljahr 1995 .... 64S 00501 - 20000
Modelljahr 1996 .... 64T 00501 - 20000
Modelljahr 1997 .... 64V 00501 - 20000
Modelljahr 1998 .... 64W 00501 - 20000

Motor 64 24 (Tiptronic USA/CDN):

Modelljahr 1995 .... 64S 50501 - 60000
Modelljahr 1996 .... 64T 50501 - 60000
Modelljahr 1997 .... 64V 50501 - 60000
Modelljahr 1998 .... 64W 50501 - 60000

Motor 64 60 (Turbo):

Modelljahr 1995 .... 61T 00501 - 20000
Modelljahr 1996 .... 61T 00501 - 20000
Modelljahr 1997 .... 61V 00501 - 20000
Modelljahr 1998 .... 61W 00501 - 20000

Getriebetyp

G50 20 .... 6-Gang-Schaltgetriebe USA/CDN/CH/A und ab Mj. 97 RdW.
G50 21 .... 6-Gang-Schaltgetriebe RdW. bis Mj. 96 (2. bis 6. Gang kürzer übersetzt)

G50 31 .... 6-Gang-Schaltgetriebe RS
G50 32 .... 6-Gang-Schaltgetriebe RS Sportpaket (M003), Synchronring Stahl/Molybdän
G50 33 .... 6-Gang-Schaltgetriebe RS für CH (3. bis 5. Gang länger übersetzt)

G64 20 .... 6-Gang-Schaltgetriebe Allrad USA/CDN/CH/A und ab Mj. 97 RdW.
G64 21 .... 6-Gang-Schaltgetriebe Allrad für RdW. bis Mj. 96 (2. bis 6. Gang kürzer übersetzt)

G64 51 .... 6-Gang-Schaltgetriebe Allrad Turbo

A50 04 .... 4-Gang-Automatikgetriebe RdW.

A50 05 ....4-Gang-Automatikgetriebe USA und Taiwan (längerer Achsantrieb)

Getriebenummer

Sie besteht laut Angaben im Werkstatthandbuch aus elf Stellen. Wir haben aber bislang nur Getriebenummern gefunden, die zwölfstellig sind. Es ist denkbar, dass die Zählnummern sowohl fünf- als auch sechsstellig vergeben wurden. Man sieht die Zahlen und Buchstaben von unten am Getriebe eingeschlagen.

Hier ein Beispiel für eine elfstellige Getriebenummer:
G5021 1 02903

G5021 = ... Getriebetyp
1 = ...1: normales Ausgleichsgetriebe, 0: ohne Ausgleichsgetriebe, 2: mit Sperrdifferenzial (M 220), 3: geregeltes Sperrdifferenzial (PSD)
02903 = ... Zählnummer

Hier ein Beispiel für eine zwölfstellige Getriebenummer:
G6420 2 004010

G6420 = ... Getriebetyp
2 = ...1: normales Ausgleichsgetriebe, 0: ohne Ausgleichsgetriebe, 2: mit Sperrdifferenzial (M 220), 3: geregeltes Sperrdifferenzial (PSD)
004010 = ... Zählnummer

Die Nummern 1 bis 2000 waren für die Abteilung Versuch reserviert, die Serienproduktion beginnt mit der Nummer 2001.

Zusatzausstattung

Hier folgen ausschließlich jene Ausstattungsoptionen, die tatsächlich für den Porsche 993 lieferbar waren.

M-Optionen: Die in der normalen Preisliste aufgeführten Extras gelten als so genannte M-Optionen. Das „M" wird aber auf dem Produktionsschild weggelassen. Porsche hat diese M-Optionen teilweise mehrfach vergeben, abhängig vom Typ kann also dieselbe Nummer ein völlig anderes Ausstattungsdetail beschreiben. Die folgende Liste führt ausschließlich die 993-spezifischen Nummern.

Folgende M-Optionen waren für den Porsche 993 (alle Modelle incl. Turbo) verfügbar. Teilweise wurden mit den M-Optionen auch länderspezifische Ausstattungsmerkmale bezeichnet:

M002	911 Carrera RS Straßenversion
M003	911 Carrera RS Clubsport
M018	Leder-Sportlenkrad mit 30 mm erhöhter Nabe
M020	Geschwindigkeitsmesser mit Doppelskala mph, km/h
M024	Griechenland-Ausführung
M030	Sportfahrwerk
M032	Langstreckenfahrwerk
M033	Fahrzeug tiefergelegt ohne Sportfahrwerk
M034	Italien-Ausführung
M058	Pralldämpfer vorn und hinten
M061	Großbritannien-Ausführung
M062	Schweden-Ausführung
M063	Luxemburg-Ausführung
M064	Niederlande-Ausführung
M065	Dänemark-Ausführung
M066	Norwegen-Ausführung

M067	Finnland-Ausführung
M068	Thailand-Ausführung
M069	Sonstige-Länderausführung
M071	EU-Länderausführung
M092	Sondermodell Turbo S
M111	Österreich-Ausführung
M113	Kanada-Ausführung
M114	Taiwan-Ausführung
M119	Spanien-Ausführung
M124	Frankreich-Ausführung
M126	Beschriftung französisch
M127	Beschriftung schwedisch
M130	Beschriftung englisch
M139	Sitzheizung, linker Sitz
M150	Betrieb mit verbleitem Kraftstoff
M159	Motor-Soundpaket
M185	2-Punkt-Gurte hinten mit Aufrollautomatik
M186	2-Punkt-Gurte hinten, manuell
M193	Japan-Ausführung
M197	Stärkere Batterie

M215	Saudi-Arabien-Ausführung
M219	Ausgleichsgetriebe
M220	Sperrdifferenzial 40 %
M224	Automatisches Bremsdifferenzial
M225	Belgien-Ausführung
M249	Tiptronic-Getriebe
M261	Außenspiegel für Beifahrerseite, -plan-, elektrisch verstell- und beheizbar
M277	Schweiz-Ausführung
M288	Scheinwerferreinigungsanlage
M320	Radio „Porsche CR-11"
M324	Radio „Porsche CR-10"
M325	Südafrika-/Neuseeland-Ausführung
M326	Radio „Porsche CR-21"
M329	Radio Blaupunkt Toronto SQR 48, USA: Radio „Porsche CR-210"
M330	Radio Blaupunkt Toronto SQR 46, ab 1997: Radio „Porsche CR-31"
M331	Radio „Porsche CR-1"
M333	Radio Paris RCR 41
M334	Cassetten-Radio Bremen RCM 42
M335	3-Punkt-Automatik-Gurte, hinten
M336	Radio „Düsseldorf RCR 84"

M338	Heckantrieb
M339	Allradantrieb
M340	Sitzheizung, rechter Sitz
M371	Sportsitz links, manuell verstellbar
M372	Sportsitz rechts, manuell verstellbar
M373	Sportsitz links, elektrisch höhenverstellbar
M374	Sportsitz rechts, elektrisch höhenverstellbar
M379	Basissitz links, elektrisch höhenverstellbar
M380	Basissitz rechts, elektrisch höhenverstellbar
M381	Basissitz links, manuell verstellbar
M382	Basissitz rechts, manuell verstellbar
M383	Sportsitz links, elektrisch höhenverstellbar
M384	Schalensitz, links
M385	Schalensitz, rechts
M387	Sportsitz rechts, elektrisch höhenverstellbar
M393	Targa-Rad 17"
M398	Cup-Rad, 17"
M401	Cup-rad, 16"
M405	RS-Rad 18"
M408	Techno-Rad 18"

M413	Turbolook-Rad 18"
M419	Fondgepäckauflage
M423	Kassetten- und Münzbehälter
M425	Heckscheibenwischer
M432	Lenkrad mit Tiptronic-Bedienung
M433	Leder Lenkrad Atiwe
M435	Leder Lenkrad Momo
M437	Komfortsitz links, elektrisch verstellbar
M438	Komfortsitz rechts, elektrisch verstellbar
M439	Elektrische Verdeckbetätigung
M441	Radiovorbereitung
M445	Radzierdeckel in Silber, mit farbigem Wappen
M446	Radzierdeckel konkav, mit farbigem Wappen
M451	Reduzierte Radiovorbereitung
M454	Automatische Geschwindigkeitsregulierung
M455	Diebstahlsicherung für Räder
M459	Domstrebe
M467	Außenspiegel Fahrerseite konvex, elektrisch verstell- und beheizbar
M470	Festspoiler
M471	Festspoiler mit Zusatzflügel

Grünes Armaturenbrett, weiße Zifferblätter, beiges Leder bei schwarzer Außenfarbe: Der Innenraum dieses Porsche 993 Turbo zeigt, dass man ab Werk vieles kombinieren konnte. Foto: Tobias Kindermann

M479	Australien-Ausführung
M480	6-Gang-Schaltgetriebe
M484	USA-Ausführung
M487	Schaltung Nebelscheinwerfer mit Begrenzungslicht
M488	Beschriftung deutsch
M490	Klangpaket
M491	Turbo-Look Carrera 4S
M492	Scheinwerfer für Linksverkehr
M493	Schmale Karosserie
M495	Carrera S
M498	Entfall der Modellbezeichnung am Heck
M499	Ausführung für die Bundesrepublik Deutschland
M513	Lordosenstütze rechter Sitz
M520	Innenraumüberwachung
M529	Wegfahrsicherung 315 Mhz
M530	Wegfahrsicherung, ab 1997: Wegfahrsicherung 433 Mhz
M534	Diebstahlsicherungsanlage
M544	75-Liter-Tank
M545	92-Liter-Tank
M551	Windstop

M553	USA-Kanada-Ausführung
M561	Airbag Fahrerseite
M562	Airbag Fahrer- und Beifahrerseite
M564	Ohne Airbag
M566	Nebelscheinwerfer weiß
M567	Frontscheibe im oberen Bereich stark eingefärbt
M573	Klimaanlage
M576	Ohne Nebelschlussleuchte
M586	Lordosenstütze linker Sitz
M599	Dachblende
M601	Litronic-Scheinwerfer
M602	Hochgesetzte Bremsleuchte
M605	Leuchtweitenregulierung
M611	Telefonvorbereitung Nokia D-Netz
M614	Telefonvorbereitung Motorola D-Netz
M615	Telefonvorbereitung Nokia-Handy
M631	Kindersitzerkennung
M650	Elektrisches Schiebedach
M651	Elektrische Fensterheber
M656	Ohne Servolenkung

M657	Servolenkung
M659	Bordcomputer
M660	OBD 2
M661	Verschärftes Abgaskonzept
M680	bis Mj 2001: digitales Soundpaket, ab Mj 2002: Soundpaket Bose analog
M685	Geteilte Rücksitzanlage
M686	Radio „Porsche CDR-21" RDW
M687	Radio „München RD 104"
M688	Radio „Porsche CDR-210" USA
M692	CD-Wechsler „Porsche"
M693	CD-Radio London RDM 42
M936	Sitzbezüge hinten, Leder
M937	Sitzbezüge hinten, Kunstleder
M938	Sitzbezüge hinten, Stoff
M939	Sitzbezüge hinten, Raffleder
M946	Sitzbezüge vorne, Teilleder
M975	Kofferraumverkleidung mit Veloursteppich
M981	Lederausstattung ohne Sitzbezüge
M982	Sitzbezüge vorne, Raffleder
M983	Sitzbezüge vorne, Leder
M990	Sitzbezüge vorne, Stoff/Kunstleder

I-Optionen: Hinzu kommen die in der Exclusive-Abteilung hinzugefügten Extras. Hier handelt es sich sowohl um technische Sonderausstattungen als auch Veränderungen in der Innenausstattung. Diesen Optionen wurde ein „I" vorausgeschickt, das aber auch nicht auf dem Produktionsschild zu finden ist. In der nachfolgenden Übersicht entfällt das „I" deshalb ebenfalls.

Außerdem finden sich auf dem Produktionsschild fünfstellige Nummern. Damit wurden bei Porsche montierte Exclusive-Ausstattungen bezeichnet, die aufgrund ihres Umfangs oft zu Paketen zusammengefasst und mit einer solchen fünfstelligen Nummer beschrieben wurden. Diese Angaben können nur von Porsche selbst entschlüsselt werden.

Von der Exclusive-Abteilung wurden folgende Extras angeboten:

E01	Paket Exclusive, Instrumententräger, Schalttafel. Türspiegel verkleiden mit Wurzelholz hell (X17, X86)
E02	Paket Exclusive, Instrumententräger, Schalttafel. Türspiegel verkleiden mit Wurzelholz dunkel (X18, X87)
E03	Paket Exklusive, Armaturenbrett-Teile beziehen, Luft-Seiten- und -mitteldüse, Abdeckkappen für Luftseitendüsen, Knieleiste, Armaturenbrett-Oberteil, Schlüsselleiste, Defrosterblende mit Leder nach Wahl (XN3, XN4, XV2, XNA, XV1)
E04	Paket Exclusive, Betätigungsgriff für Blinker-/Wischerschalter, Schalter für Uhrverstellung, Knöpfe für Scheibenwischer/Intervallschaltung, Armaturenbeleuchtung, Tankdeckelbetätigung, Lichtschalter, Handschuhkastenschloss, Rosetten für Zündschloss und Handschuhkastenschloss, Bedienknöpfe Armaturenbrett (4 Stück) beziehen mit Leder nach Wahl (XM9, XW5, XW3, XV7, XW4, XJ4, XM5, XM7, XZ4)
E05	Paket Exclusive, Schalthebelknopf/Handbremshebel beziehen/verkleiden mit Wurzelholz hell/Leder (XC8, X31)
E06	Paket Exclusive, Schalthebelknopf/Handbremshebel beziehen/verkleiden mit Wurzelholz dunkel/Leder (XC9, X32)

Heutzutage muss für einen 911 GT2 (993) in Originalzustand eine sechsstellige Summe bezahlt werden. Auf Basis des Turbo präsentierte Porsche mit dem GT2 im Jahre 1995 ein 430 PS starkes Fahrzeug für Motorsporteinsätze. Die Homologationsserie bestand aus ca. 170 Exemplaren.

E07	Paket Exclusive, Schalthebelknopf/Handbremshebel beziehen/verkleiden mit Leder nach Wahl (XK7, XN7)
E08	Paket Exclusive, Tiptronic Wahlhebel/Handbremshebel beziehen/verkleiden mit Wurzelholz hell/Leder (X25, X31)
E09	Paket Exclusive, Tiptronic Wahlhebel/Handbremshebel beziehen/verkleiden mit Wurzelholz dunkel/Leder (X24, X32)
E10	Paket Exclusive, Tiptronic Wahlhebel/Handbremshebel beziehen/verkleiden mit Leder nach Wahl (XJ8, XN7)
E11	Paket Exclusive, Mittelkonsole verkleiden, Schalterrahmen vorn, Abdeckung Mitteltunnel (unter Handbremshebel) mit Leder nach Wahl (X43, XF6)
E12	Paket Exclusive, Mittelkonsole verkleiden, Schalterrahmen vorn, Abdeckung Mitteltunnel (unter Handbremshebel) mit Carbon (XMC, XMD)
E13	Paket Exclusive, Schalter für Sitzheizungsregulierung, Schalter und Blendenrahmen für Sitzverstellung mit Leder nach Wahl beziehen (XV4, XV5, XV6)
E14	Paket Exclusive, Sicherheitsgurt-Schlösser und Gurtpeitschen vorn und hinten, Abdeckung und Rosetten für Gurtdurchführung beziehen mit Leder nach Wahl (nur für Coupé) (XP6, XW2, XV9, XW1)
E15	Paket Exclusive, Sicherheitsgurt-Schlösser und Gurtpeitschen vorn und hinten, Abdeckung für Gurtdurchführung beziehen mit Leder nach Wahl (nur für Cabrio und Targa) (XP6, XW2, XV9)
E16	Paket Exclusive, Fensterheberschalter, Rosetten für Leuchtdioden der Alarmanlage, Abdeckkappen für Türgarnierleisten und Rahmen einschl. Knopf und Kippschalter für Außenspiegelverstellung, Abdeckleiste für Schweller links und rechts (mit Porsche Schriftzug geprägt), Lautsprecherrahmen und -abdeckungen mit Leder nach Wahl beziehen oder in Lederfarbe lackieren (XN1, XP9, XW6, XW8, XZ7, XW9)
E21	Aerokit 1B, Frontspoiler/Heckspoiler incl. 3. Bremsleuchte im Heckspoiler (X61, XAC) Targa und Cabrio, Coupé nicht mit M-Nr. 602
E22	Aerokit 2B, Frontspoiler/Heckspoiler und Schwellerverkleidung links und rechts incl. 3. Bremsleuchte im Heckspoiler, Targa und Cabrio, Coupé nicht mit M-Nr. 602

E50	Paket Exclusive, Leistungssteigerung Turbo auf 430 PS (316 kW), einschl. Zusatz-Frontölkühler und Edelstahlendrohre (2-Rohr, oval) (X50, XE7, X54)
P08	Fahrdynamisches Sperrensystem (nur für Schaltgetriebe)
P14	Sitzheizung links/rechts, regelbar
P15	Vollelektrische Sitze links/rechts
P31	Sonderfahrwerk incl. 17-Zoll-Räder
P32	Sonderfahrwerk incl. 18-Zoll-Technologierräder
P36	Sonderfahrwerk incl. 17-Zoll-Räder Targa-Design
P49	Digitales Soundprocessing (incl. M490, Klangpaket incl. Verstärker)
X09	Mittelkonsole „C“ mit Leder beziehen, Farbe nach Wahl (diverse Einbauten gegen Aufpreis möglich, bitte bei Bestellung angeben), nicht in Verbindung mit X21
X17	Instrumententräger und Schalttafelblende mit Wurzelholz hell verkleiden
X18	Instrumententräger und Schalttafelblende mit Wurzelholz dunkel verkleiden
X19	Instrumententräger und Schalttafelblende mit Leder beziehen, Farbe nach Wahl
X20	Ultraschall-Alarmanlage mit Abschlepp- und Räderschutz
X21	Anbau Telefonkonsole im Beifahrerfußraum
X24	Tiptronic Wählhebel in Wurzelholz dunkel
X25	Tiptronic Wählhebel in Wurzelholz hell
X26	Airbag-Lenkrad komplett mit Leder beziehen
X27	Sicherheitsbügel 911 Carrera Cabrio inkl. Lederbezug + TÜV Einzelabnahme (nicht in Verbindung mit M551)
X28	Airbag-Lenkrad kombiniert, Wurzelholz hell/Leder nach Wahl
X30	Airbag-Lenkrad kombiniert, Wurzelholz dunkel/Leder nach Wahl
X31	Handbremshebel kombiniert Wurzelholz hell/Leder nach Wahl

X32	Handbremshebel kombiniert Wurzelholz dunkel/Leder nach Wahl
X34	Instrumentenringe mit Leder beziehen, Instrumentenzifferblätter lackieren, wahlweise in den Farben Klassikgrau, Marmorgrau, cedargrün, Provenceblau, Nachtblau, Flamencorot, Kastanienbraun, Kaschmirbeige (weitere Farben auf Anfrage)
X36	Fahrzeug tieferlegen (nur Federn ohne Sportfahrwerk)
X37	Einsatz für Schalthebelknopf in Farbe Silber, Gravur nach Wahl
X40	Sonnenblenden links und rechts mit Leder beziehen, in rechter Sonnenblende Leseleuchte
X42	Einbau Telefonantenne D-Netz Windschutzscheibenrahmen (nur für Cabriolet)
X43	Schalterrahmen Mittelkonsole vorne Lederbezug
X44	Einbau Euroline Dachantenne für D-Netz Telefon
X45	Zifferblätter lackieren in Interieurfarbe
X46	Tiptronic-Wählhebel in Alu, Griff Handbremshebel kombiniert Alu Leder (X46, X98)
X48	Tiptronic-Wählhebel in Carbon
X50	Leistungssteigerung für 911 Turbo auf 316 kW (430 PS) (nicht in Verbindung mit XE7 oder X54, X50 beinhaltet XE7 + X54 bereits serienmäßig, Lieferzeit auf Anfrage)
X51	Leistungssteigerung für 911 Carrera auf 285 PS (Serie)
X52	CD-Fächer hinter Handbremshebel 5-fach offen
X53	CD-Fächer hinter Handbremshebel 8-fach geschlossen
X54	Edelstahlendrohre (2-Rohr - oval)
X56	Instrumententräger und Schalttafelblende mit Carbon verkleiden
X57	Türspiegel links und rechts in Carbon
X68	Persenning in Stoff-Sonderfarbe (nicht in Verbindung mit M551)
X70	Einstiegsblenden in Metall mit Schriftzug
X71	Instrumente: Zifferblätter in Alu-Farbe, Innenringe in Chrom
X73	Sportfahrwerk
X76	Schwellerverkleidung links und rechts
X77	Airbag-Lenkrad kombiniert Carbon/Leder
X78	Lufteinlässe vorne mit Nebelscheinwerfer links und rechts
X79	Lufteinlässe im Fondseitenteil links und rechts
X81	CD-Ablage in Türtasche links (nicht in Verbindung mit M490)
X86	Türspiegel in Wurzelholz hell
X87	Türspiegel in Wurzelholz dunkel
X89	Radnabenabdeckung lackiert, Farbe nach Wahl mit Porsche Wappen farbig (nur in Verbindung mit XD9)
XC3	Hardtop + TÜV-Einzelabnahme
XC4	Einsatz für Schalthebelknopf, Porsche Wappen Leder geprägt
XC5	Einsatz für Schalthebelknopf, Porsche Wappen Farbe Gold
XC6	Einsatz für Schalthebelknopf, Porsche Wappen Farbe Silber
XC7	Einsatz für Schalthebelknopf, Porsche Wappen farbig
XC8	Schalthebelknopf in Wurzelholz hell mit Schaltschema Leder geprägt inkl. Schaltmanschette Leder
XC9	Schalthebelknopf in Wurzelholz dunkel mit Schaltschema Leder geprägt inkl. Schaltmanschette Leder
XD3	Regensensor für Frontscheibenwischer
XD4	Radnabenabdeckungen silber lackiert, mit Porsche Wappen farbig
XD7	Querstrebe für Stoßdämpferdome vorne
XD9	Felgensterne in Wagenfarbe lackieren
XE3	Automatisch abblendender Innenspiegel
XE7	Zusatz-Frontölkühler (nicht in Verbindung mit X50)
XEA	Passivhörer und Halterung für Nokia 2110i mit Leder nach Wahl beziehen (nur in Verbindung mit XEB)
XEB	Passivhörer für Nokia 2110i einbauen (nur für Deutschland)
XEF	High-End-Navigationssystem einbauen (nur für Deutschland, nur in Verbindung mit X09)

XEG	Integriertes Radio-Navigationssystem (nur für Deutschland)
XF5	Instrumentenringe mit Leder beziehen
XF6	Abdeckung Mitteltunnel mit Leder beziehen (unter dem Handbremshebel)
XF7	Ablage hinter dem Handbremshebel mit Leder beziehen (inkl. Kassettenfächer)
XJ4	Rosette für Zündschloss mit Leder beziehen
XJ5	Zünd-/Türschlüssel mit Leder beziehen
XJ6	Lenksäulenverkleidung mit Leder beziehen
XJ8	Tiptronic Wählhebel mit Leder beziehen, Farbe nach Wahl
XK7	Schalthebelknopf inkl. Schaltmanschette mit Leder beziehen, Farbe nach Wahl
XK8	Einsatz für Schalthebelknopf in Farbe Gold, Gravur nach Wahl
XM5	Bedienungsknöpfe Armaturenbrett mit Leder beziehen (4 Stück)
XM7	Knopf für Handschuhkastenschloss mit Leder beziehen
XM9	Betätigungsgriff mit Blinker-/Wischerschalter mit Leder beziehen
XN1	Fensterheberschalter mit Leder beziehen (3 Stück)
XN2	Innere Betätigungshebel für Türöffner mit Leder beziehen
XN3	Luftseitendüsen im Armaturenbrett mit Leder beziehen
XN4	Luftmitteldüse im Armaturenbrett mit Leder beziehen
XN7	Handbremshebel mit Leder beziehen, Farbe nach Wahl
XN8	Sonnenblenden links und rechts mit Leder beziehen
XN9	Sonnenblenden links und rechts mit Leder beziehen, in rechter Sonnenblende Make-Up-Spiegel beleuchtet (nur Coupé)
XNC	Drei-Speichen-Sportlenkrad
XNG	Paket Exclusive, Instrumentenabdeckung (Ober- und Unterteil) mit Leder in Interieurfarbe beziehen

XNH	Paket Exclusive, Seitendüsen links/rechts mit Leder in Interieurfarbe beziehen, Defrosterblende (2-teilig) mit Leder beziehen
XNJ	Paket Exclusive, Armaturenbrett mit zweifarbigem Leder beziehen, Lautsprecherabdeckungen (2) in der Schalttafel in Interieurfarbe lackieren, Zierleiste (Nut) für Armaturenbrett mit Leder in Interieurfarbe beziehen
XNM	Paket Exclusive, Armaturenbrett mit zweifarbigem Leder beziehen, Lautsprecherabdeckungen (2) in der Schalttafel in Interieurfarbe lackieren, Zierleiste (Nut) für Armaturenbrett mit Aluminium verkleiden
XNK	Paket Exclusive, Armaturenbrett mit zweifarbigem Leder beziehen, Lautsprecherabdeckungen (2) in der Schalttafel in Interieurfarbe lackieren, Zierleiste (Nut) für Armaturenbrett und Instrumentenabdeckung-Unterteil mit Echtholz verkleiden
XNL	Paket Exclusive, Armaturenbrett mit zweifarbigem Leder beziehen, Lautsprecherabdeckungen (2) in der Schalttafel in Interieurfarbe lackieren, Zierleiste (Nut) für Armaturenbrett und Instrumentenabdeckung-Unterteil mit Carbon verkleiden
XMA	Paket Exclusive, Himmel, A- und B-Säulen beziehen mit Leder nach Wahl
XMB	Paket Exclusive, Sonnenblenden links und rechts, Make-up-Spiegel (beleuchtet) und zusätzliche Leseleuchte in Beifahrer-Sonnenblende mit Leder nach Wahl beziehen
XP3	Cabrio-Verdeck-Abdeckung in Leder
XP6	Sicherheitsgurtschlösser und Gurtpeitschen vorn mit Leder beziehen
XP9	Lautsprecherrahmen mit Leder beziehen, -abdeckungen in Lederfarbe lackieren
XR3	Abdeckungen für Sitzbeschläge vorne mit Leder beziehen
XR6	Lehnenentriegelung vorne mit Leder beziehen (4 Stück)
XR7	Heckscheibenwaschanlage
XRA	Räder/Reifen 17 Zoll SportClassic
XRB	Räder/Reifen 18 Zoll SportClassic

XRC	Bremssättel lackieren, schwarz
XRD	Bremssättel lackieren, rot
XRE	Bremssättel lackieren, silber
XRF	Bremssättel lackieren, speedgelb
XSA	Sportsitze links und rechts, Rückseiten Rückenlehnen lackieren (nur mit M-Nr. 373/374)
XT5	Telefonhörer und Halter mit Leder beziehen
XTA	Innere Betätigungshebel für Türöffner verkleiden mit Carbon (mit Porsche Schriftzug)
XU2	Abschlepp- und Räderschutz als Erweiterung der Serienalarmanlage
XU5	Einbau Telefonanlage (Telefonvorbereitung bereits in Produktion eingebaut)
XV1	Defrosterblende mit Leder beziehen
XV2	Abdeckkappen mit Luftseitendüsen mit Leder beziehen
XV3	Blende für Klima-/Heizungsregulierung mit Leder beziehen
XV4	Schalter für Sitzheizungsregulierung mit Leder beziehen
XV5	Schalter für Sitzverstellung mit Leder beziehen
XV6	Blendenrahmen für Schalter/Sitzverstellung mit Leder beziehen
XV7	Knopf für Tankdeckelbetätigung mit Leder beziehen
XV9	Abdeckung für Sicherheitsgurtdurchführung mit Leder beziehen
XW1	Rosetten für Gurtdurchführung vorn mit Leder beziehen (nur Coupé)
XW2	Sicherheitsgurtschlösser und Gurtpeitschen hinten mit Leder beziehen
XW3	Schalter für Uhrverstellung mit Leder beziehen
XW4	Knopf für Lichtschalter mit Leder beziehen
XW5	Knöpfe für Scheibenwischer/Intervallschaltung und Armaturenbeleuchtung mit Leder beziehen
XW6	Rosetten für Leuchtdioden Alarmanlage mit Leder beziehen
XW8	Abdeckkappen für Türgarnierleisten mit Leder beziehen

XW9	Abdeckleiste für Schweller links und rechts mit Leder beziehen, Porsche Schriftzug geprägt
XX1	Einlegefußmatten vorn mit Porsche Schriftzug
XX2	Fußraumbeleuchtung für Fahrer- und Beifahrerseite
XX3	Türtaschenbeleuchtung links und rechts
XX6	Einsatz für Schalthebelknopf, Schaltschema Leder geprägt
XY5	Kulisse Tiptronic-Wählhebel Lederbezug
XZ4	Rosette um Handschuhkastenschloss mit Leder beziehen
XZ7	Rahmen einschließlich Knopf und Kippschalter für Außenspiegelverstellung mit Leder beziehen
Y01	Aerokit 1, Frontspoiler/Heckspoiler, nur für Coupé (X61, X62)
Y02	Exclusive Paket, Inhalt: Y01 + X76 (Frontspoiler/ Heckspoiler Schwellerverkleidung links und rechts)
Y03	Schalthebelknopf kombiniert Carbon/Leder, Griff Handbremshebel kombiniert Carbon/Leder
Y04	Instrumententräger und Schalttafelblende mit Carbon verkleiden, Türspiegel links und rechts in Carbon
Y05	Schalthebelknopf kombiniert Carbon/Alu/Leder, Griff Handbremshebel kombiniert Carbon/Alu/Leder
Y06	Schalthebelknopf kombiniert Alu/Leder mit Einsatz Schaltschema, Griff Handbremshebel kombiniert Alu/ Leder
Y07	Schalthebelknopf kombiniert Alu/Wurzelholz hell/ Leder, Griff Handbremshebel kombiniert Alu/ Wurzelholz hell/Leder
Y08	Schalthebelknopf kombiniert Alu/Wurzelholz dunkel/ Leder, Griff Handbremshebel kombiniert Alu/ Wurzelholz dunkel/Leder
Y09	Wurzelholz hell: Instrumententräger und Schalttafelblende, Airbag-Lenkrad, Handbremshebel und Tiptronic-Wahlhebel (X17, X28, X31, X25)
Y10	Wurzelholz dunkel: Instrumententräger und Schalttafelblende, Airbag-Lenkrad, Handbremshebel und Tiptronic-Wahlhebel (X18, X30, X32, X24)
Y23	Tiptronic-Wählhebel in Alu, Griff Handbremshebel kombiniert Alu Leder (X46, X98)

Y24	Tiptronic-Wählhebel in Carbon, Griff Handbremshebel kombiniert Carbon/Leder (X48, X64)
Y25	Carbon: Instrumententräger, Schalttafelblende, Türspiegel, Schalthebelknopf, Handbremshebel und Airbag-Lenkrad (Y04, Y03, X77)
Y26	Carbon: Instrumententräger, Schalttafelblende, Türspiegel, Tiptronic-Wählhebel, Handbremshebel und Airbag-Lenkrad (Y04, Y24, X77)
Y29	Zifferblätter in Alu-Farbe, Innenringe in Chrom, Einstiegsblenden in Edelstahl mit dem Schriftzug Ihres Porsche, Edelstahlendrohre (2-Rohr - oval) (X71, X70, X54) + TÜV-Einzelabnahme
Y59	Exclusive Paket, Wurzelholz hell, Inhalt: X17, X28, X31, wahlweise XC8 oder X25
Y60	Exclusive Paket, Wurzelholz dunkel, Inhalt: X18, X30, X32, wahlweise XC9 oder X24
Y61	Tiptronic-Wahlhebel in Carbon, Griff Handbremshebel kombiniert Carbon/Alu/Leder
Y62	Tiptronic-Wählhebel in Wurzelholz hell, Tiptronic-Auslöseknopf in Alu, Griff Handbremshebel kombiniert Alu/Wurzelholz hell/Leder (X65, X91)
Y63	Tiptronic-Wählhebel in Wurzelholz dunkel, Tiptronic-Auslöseknopf in Alu, Griff Handbremshebel kombiniert Alu/Wurzelholz dunkel/Leder (X66, XE9)
Y65	Exclusive Paket, Armaturenbrettteile - Leder, Inhalt: XN3, XN4, XV1, XV2
Y66	Exclusive Paket, Türtafel - Leder, Inhalt: XN1, XN2, Xp9, XW6, XW8, XZ7
Y67	Exclusive Paket, Sitzteile - Leder, Inhalt: XR3, XR6, XV4, XV5, XV6
Y75	Aerokit Turbo II: Frontspoiler und Heckspoiler (XD1, XD2) gilt auch für 911 Carrera 4S (Lieferzeit auf Anfrage)

Das Farbschild

Folgende Farben waren für den Porsche 993 lieferbar:

Uni-Lacke

908 .... Grand-Prix-Weiss
719 .... Schwarz
80K .... Indischrot
12G .... Speedgelb
39E .... Rivierablau
39D .... Amarantviolett

Arktissilber-Metallic weist dieses Farbschild an einem Porsche 993 4S als Lackierung aus. Das Farbschild befindet sich im Kofferraum auf dem Innenkotflügel.
Foto: Tobias Kindermann

3AR .... Blautürkis
12L .... Pastellgelb
3AT .... Firnweiß

Metallic-Lacke

746 .... Schwarz-Metallic
22D .... Schiefer-Metallic
92E .... Polarsilber-Metallic
37W .... Nachtblau-Metallic
39N .... Irisblau-Metallic
39R .... Aventuragrün-Metallic
84R .... Arenarot-Metallic
25C .... Türkis-Metallic
3AY .... Ozeanblau-Metallic
3AW .... Zenithblau-Metallic
25H .... Libelltürkis-Metallic
92U .... Arktissilber-Metallic
40W .... Vesuvio-Metallic
554 .... Paladio-Metallic

9898 .... Sonderfarbe aus vorhergehender Porsche-Serie
9999 .... Sonderfarbe nach Farbmuster vom Kunden

Der Porsche 993 4S ist eine besonders gelungene Variante in der 911-Historie. Spätere Modelle wie der Porsche 997 nehmen stilistisch viele Anleihen an seinem Design.

S-PR 993

BB TH 996
PORSCHE ZENTRUM BADEN-BADEN

Porsche 911 – Typ 996

Modelljahr 1998 bis 2005

Kurzbeschreibung

Der intern Porsche 996 getaufte Wagen schlägt ab dem Modelljahr 1998 ein neues Kapitel bei Porsche auf. Mit seinen Vorgängern teilt er außer dem Namen 911 nur noch die Gemeinsamkeit, dass ein 6-Zylinder-Boxermotor im Heck sitzt. Karosserie und Motor sind eine komplette Neukonstruktion. Der neue 911 ist größer geworden, wiegt aber 50 Kilogramm weniger als der Vorgänger 993. Der Motor ist nun wassergekühlt und bekam von den Konstrukteuren Vierventil-Zylinderköpfe spendiert. Das Ölreservoir ist in einem integrierten Behälter im Motor untergebracht. Porsche setzt beim 996 auf ein Gleichteileprinzip mit dem ein Jahr vorher präsentierten Boxster: Fronthaube, Frontscheinwerfer, vordere Kotflügel und Türen sind identisch. Die Bodengruppe ist baugleich bis zur B-Säule. Die Zahl der elektronischen Helferlein im Bereich Fahrwerk und Kommunikation ist so hoch bei keiner früheren Modellgeneration. 300 PS (221 kW) leistet das 3,4-Liter-Triebwerk zu Beginn, später erstarkt es auf 320 PS (235 kW) aus 3,6 Litern Hubraum. Dazu gesellen sich im Laufe der Produktion die Sportvarianten GT3 und GT2 sowie die Turbo-Modelle.

Modelljahr 1998 (W-Programm): Der Porsche 996 Carrera mit Heckantrieb geht als Coupé in Serie, parallel werden noch einige Versionen vom Porsche 993 weiterproduziert. Im April 1998 folgt das Porsche 996 Cabrio. Beide 996-Varanten sind auch mit der Tiptronic S erhältlich.

Modelljahr 1999 (X-Programm): Porsche präsentiert die Allrad-Version 996 Carrera 4, ab Mai folgt der 996 GT3, bereits schon mit den Fahrgestellnummern des Modelljahrs 2000 versehen. Beim GT3 handelt es sich um eine Sportversion in der Tradition der Vorgänger 964 RS und 993 RS. Der Motor basiert aber auf dem Kurbelgehäuse des Triebwerks aus dem Porsche 964. Es gibt auch wieder einen separaten Tank für die Trockensumpfschmierung.

Der Porsche 996 brach technisch gesehen komplett mit der Tradition seiner Vorgänger. Es war eine völlige Neukonstruktion, die eigentlich nur noch die Bezeichnung 911 mit den älteren Fahrzeugen verbindet.

Das Antriebsaggregat schöpft 360 PS (265 kW) aus 3,6 Litern Hubraum. Der Wagen ist ohne Aufpreis mit einem Clubsport-Paket lieferbar, das u.a. einen verschraubten Überrollbügel, Schalensitze und den Wegfall der Airbags beinhaltet. Für den 996 Carrera ist eine Werksleistungssteigerung auf 320 PS (235 kW) bei unverändert 3,4 Litern Hubraum verfügbar.

Modelljahr 2000 (Y-Programm): Zum Wechsel auf das Jahr 2000 bietet Porsche ein Millennium-Sondermodell an, das auf dem 996 Carrera 4 basiert. Im Januar 2000 kommt das 996 Turbo Coupé hinzu, das schon die Fahrgestellnummern des Modelljahrs 2001 erhält. Auch dessen Motor basiert wie im Fall des GT3 auf dem Kurbelgehäuse des Porsche 964. Die Kraft des 420 PS (309 kW) starken Bi-Turbo-Motors bringt im 996 Turbo - wie bereits im Vorgängermodell - ein Allrad-Antrieb auf die Straße. Außerdem ist erstmals beim Top-Modell von Porsche die Tiptronic S lieferbar. Mit dem 996 Turbo stellt das Werk die Porsche Ceramic Composite Brake (PCCB) vor, eine Gewicht sparende Carbon-Bremse, die wenig später gegen Aufpreis lieferbar ist. Der Turbo hat außerdem andere Scheinwerfer, die mit einer Rundung unten am Hauptlicht einen Design-Schritt zurück zu den älteren Modellen einläuten und optische Distanz zum Boxster herstellen.

Modelljahr 2001 (1-Programm): Mit dem 468 PS (340 kW) starken, heckangetriebenen 996 GT2 stellt Porsche dem Turbo wieder eine Sportvariante zur Seite. Die PCCB ist Serienausstattung und wie beim 996 GT3 gibt es ohne Aufpreis ein Clubsport-Paket mit Schalensitzen, verschraubtem Überrollbügel und weiteren Ausstattungen für den Motorsport. Ab November ist der 996 Turbo mit Werksleistungssteigerung erhältlich. Der Motor leistet in dieser Konfiguration 450 PS (331 kW).

Modelljahr 2002 (2-Programm): Für die Carrera-Baureihe steht ein Facelift an. Die Modellpflegemaßnahme betrifft unter anderem die Scheinwerfer des 911 Turbo und den Motor, der jetzt aus 3,6 Litern Hubraum 320 PS (235 kW) mobilisiert. Außerdem erscheinen ab Dezember die Modelle 996 Targa und 996 Carrera 4S Coupé. Der nur mit Heckantrieb lieferbare Targa hat wie sein Vorgänger ein Glasdach aus drei Glaselementen, neu hingegen ist eine hochklappbare Heckscheibe. Das 996 Carrera 4S Coupé basiert auf der Karosserie des Turbos. Beide Modelle sind auch mit Tiptronic S lieferbar. Der 996 GT 3 wird nicht mehr produziert.

Modelljahr 2003 (3-Programm): Porsche bietet für den 320-PS-Motor eine Leistungssteigerung auf 345 PS (254 kW) an. Der 996 GT3 geht ab Januar 2003 in eine Neuauflage und bekommt die u.a. Scheinwerfer des Turbos sowie mehr Leistung, nämlich 381 PS (280 kW) statt bisher 360 PS. Den Fahrgestellnummern nach wird er schon dem Modelljahr 2004 zugeordnet. Auch der GT2 wird ab April 2003 stärker: 483 PS (355 kW) statt bisher 463 PS. Dazu erscheint im Frühjahr das 996 Carrera 4S Cabrio.

Modelljahr 2004 (4-Programm): Das 996 Turbo Cabrio wird aufgelegt, für das auch die Werksleistungssteigerung erhältlich ist. Als Homologationsmodell für den Motorsport mit entsprechenden Modifikationen erscheint der auf 200 Exemplare limitierte 996 GT3 RS. Ein Sondermodell „40 Jahre 911" wird im Werk kreiert, Basis ist das in Silbermetallic gehaltene 996 Carrera Coupé mit 345 PS (254 kW) und besonderer Ausstattung.

Modelljahr 2005 (5-Programm): In diesem Jahr erscheint die Nachfolgegeneration Porsche 997 als Carrera mit 325 PS (239 kW) und als Carrera S mit 355 PS (261 kW), der mit seinen runden Frontscheinwerfern den Porsche 993 zitiert. Zunächst weitergebaut werden die Modelle 996 Carrera 4S Coupé, Targa 2/4 sowie 996 Carrera Cabrio, Cabrio 4 und Cabrio 4S. In den Verkaufslisten finden sich ebenfalls noch das 996 GT3 Coupé und der 996 Turbo als Coupé und Cabrio sowie der Porsche 996 GT2. Ab Herbst 2004 lief zusätzlich noch der Turbo S mit 450 PS (331 kW) vom Band, der auch als Cabrio lieferbar war.

FIN-Hinweise

Befindet sich kein Produktionsaufkleber mehr unter der Haube und ist auch noch das Serviceheft verschwunden, kann die Fahrzeugidentifikationsnummer (FIN) ein paar Informationen über den Wagen preisgeben. Die Länderkürzel bedeuten: USA = Amerika, CDN = Kanada, BR = Brasilien und MEX = Mexico. Die unten stehende Auflistung beginnt mit der 7. Ziffer der Fahrgestellnummer, die 9. Stelle (Füll- oder Prüfziffer) wurde weggelassen.

Modelljahr 1998:

996 Carrera Coupé ....99WS6 00061 - 10000

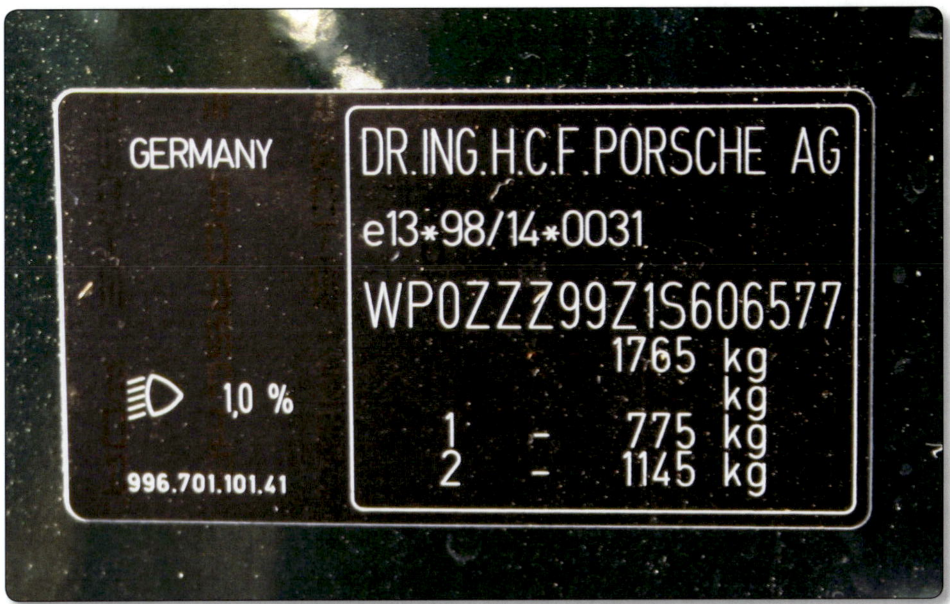

Beim Porsche 996 befindet sich der Aufkleber mit der Fahrgestellnummer am Schlossblech der B-Säule auf der Beifahrerseite. Foto: Tobias Kindermann

996 Carrera Cabrio .... 99WS6 40061 - 4999
996 Carrera Coupé MEX .... 99WS6 20061 - 30000
996 Carrera Coupé USA/CDN .... 99XS6 20061 - 30000
996 Carrera Coupé BR .... 99VS6 29801 - 30000
996 Carrera Coupé BR .... 99WS6 29801 - 30000
996 Carrera Cabrio USA/CDN/MEX .... 99WS6 50061 - 59999

Modelljahr 1999:

996 Carrera od. Carrera 4 Coupé .... 99XS6 00061 - 09999
996 Carrera od. Carrera 4 Cabrio .... 99XS6 40061 - 49999

996 Carrera od.
Carrera 4 Coupé USA/CDN/MEX .... 99XS6 20061 - 29999
996 Carrera BR .... 99WS6 29801 - 29999
996 Carrera BR .... 99XS6 29801 - 29999
996 Carrera 4 BR .... 99WS6 29401 - 29500
996 Carrera 4 BR .... 99XS6 29401 - 29500
996 Carrera od.
Carrera 4 Cabrio USA/CDN/MEX .... 99XS6 50061 - 59999
996 Carrera Cabrio BR .... 99WS6 59601 - 59700
996 Carrera Cabrio BR .... 99XS6 59601 - 59700
996 Carrera 4 Cabrio BR .... 99WS6 59801 - 59999
996 Carrera 4 Cabrio BR .... 99XS6 59801 - 59999

Modelljahr 2000:

996 Carrera od. Carrera 4 Coupé .... 99YS6 00061 - 10000
996 Carrera od. Carrera 4 Cabrio .... 99YS6 40061 - 49000
996 GT 3 Coupé .... 99YS6 90061 - 91900

996 Carrera od.
Carrera 4 Coupé USA/CDN/MEX/BR .... 99YS6 20061 - 29000
996 Carrera od. Carrera 4 Coupé BR .... 99XS6 20061 - 29000
996 Carrera od.
Carrera 4 Cabrio USA/CDN/MEX/BR .... 99YS6 50061 - 59000
996 Carrera od. Carrera 4 Cabrio BR .... 99XS6 50061 - 59000

Modelljahr 2001:

996 Carrera od. Carrera 4 Coupé .... 991S6 00061 - 10000
996 Carrera od. Carrera 4 Cabrio .... 991S6 40061 - 49000
996 GT3 Coupé .... 991S6 90061 - 91900

996 Turbo Coupé .... 991S6 80061 - 85000
996 GT2 Coupé .... 991S6 95061 - 95900

996 Carrera od.
Carrera 4 Coupé USA/CDN/MEX/BR .... 991S6 20061 - 29000
996 Carrera od.
Carrera 4 Cabrio USA/CDN/MEX/BR .... 991S6 50061 - 59000
996 Turbo Coupé USA/CDN/MEX/BR ...... 991S6 85061 - 89000

Modelljahr 2002:
996 Carrera od. Carrera 4/4S Coupé .... 992S6 00061 - 10000
996 Carrera od. Carrera 4 Cabrio .... 992S6 40061 - 49000
996 Targa .... 992S6 30061 - 35000
996 Turbo Coupé .... 992S6 80061 - 85000
996 GT2 Coupé .... 992S6 95061 - 95900

996 Carrera od. Carrera 4/4S
Coupé USA/CDN/MEX/BR .... 992S6 20061 - 29000
996 Carrera od. Carrera 4
Cabrio USA/CDN/MEX/BR .... 992S6 50061 - 59000
996 Targa USA/CDN/MEX/BR .... 992S6 35061 - 40000
996 Turbo Coupé USA/CDN/MEX/BR ...... 992S6 85061 - 89000
996 GT2 Coupé USA/CDN/MEX/BR .... 992S6 96061 - 96900

Modelljahr 2003:
996 Carrera od. Carrera 4/4S Coupé .... 993S6 00061 - 10000
996 Carrera od. Carrera 4/4S Cabrio .... 993S6 40061 - 49000
996 Targa .... 993S6 30061 - 35000
996 Turbo Coupé .... 993S6 80061 - 85000
996 GT2 Coupé .... 993S6 95061 - 95900

996 Carrera od. Carrera 4/4S
Coupé USA/CDN/MEX/BR .... 993S6 20061 - 29000
996 Carrera od. Carrera 4/4S
Cabrio USA/CDN/MEX/BR .... 993S6 50061 - 59000
996 Targa USA/CDN/MEX/BR .... 993S6 35061 - 40000
996 Turbo Coupé USA/CDN/MEX/BR ...... 993S6 85061 - 89000
996 GT2 Coupé USA/CDN/MEX/BR .... 993S6 96061 - 96900

Modelljahr 2004:
996 Carrera od. Carrera 4/4S Coupé .... 994S6 00061 - 10000
996 Carrera od. Carrera 4/4S Cabrio .... 994S6 40061 - 49000

Der Porsche 996 4S greift Stilelemente des Vorgängers 993 S4 auf, wie das durchgehende Leuchtenband. Foto: Tobias Kindermann

996 Targa .... 994S6 30061 - 35000
996 GT 3 Coupé .... 994S6 90061 - 91900
996 Turbo Coupé .... 994S6 80061 - 85000
996 Turbo Cabrio .... 994S6 70061 - 74000
996 GT2 Coupé .... 994S6 95061 - 95900

996 Carrera od. Carrera 4/4S
Coupé USA/CDN/MEX/BR .... 994S6 20061 - 29000
996 Carrera od. Carrera 4/4S
Cabrio USA/CDN/MEX/BR .... 994S6 50061 - 59000
996 Targa USA/CDN/MEX/BR .... 994S6 35061 - 40000
996 GT3 Coupé USA/CDN/MEX/BR .... 994S6 92061 - 93000
996 Turbo Coupé USA/CDN/MEX/BR .... 994S6 85061 - 89000
996 Turbo Cabrio USA/CDN/MEX/BR .... 994S6 75061 - 79000
996 GT2 Coupé USA/CDN/MEX/BR .... 994S6 96061 - 96900

Modelljahr 2005:
996 Carrera 4S Coupé .... 995S6 00061 - 10000
996 Carrera od. Carrera 4/4S Cabrio .... 995S6 40061 - 49000
996 Targa .... 995S6 30061 - 35000
996 GT3 Coupé .... 995S6 90061 - 92000
996 Turbo Coupé .... 995S6 80061 - 85000
996 Turbo Cabrio .... 995S6 70061 - 74000
996 GT2 Coupé .... 995S6 95061 - 95900

996 Carrera 4S Coupé
USA/CDN/MEX/BR .... 995S6 20061 - 29000
996 Carrera od. Carrera 4/4S Cabrio
USA/CDN/MEX/BR .... 995S6 50061 - 59000
996 Targa USA/CDN/MEX/BR .... 995S6 35061 - 40000
996 GT3 Coupé USA/CDN/MEX/BR .... 995S6 92061 - 93000
996 Turbo Coupé USA/CDN/MEX/BR .... 995S6 85061 - 89000
996 Turbo Cabrio USA/CDN/MEX/BR .... 994S6 75061 - 79000
996 GT2 Coupé USA/CDN/MEX/BR .... 995S6 96061 - 96900

Das Produktionsschild

Allgemeine Hinweise zum Produktionsschild finden sich im **Kapitel Allgemeiner Aufbau/Schilderkunde.** Hier werden die für den Porsche 996 spezifischen Angaben behandelt.

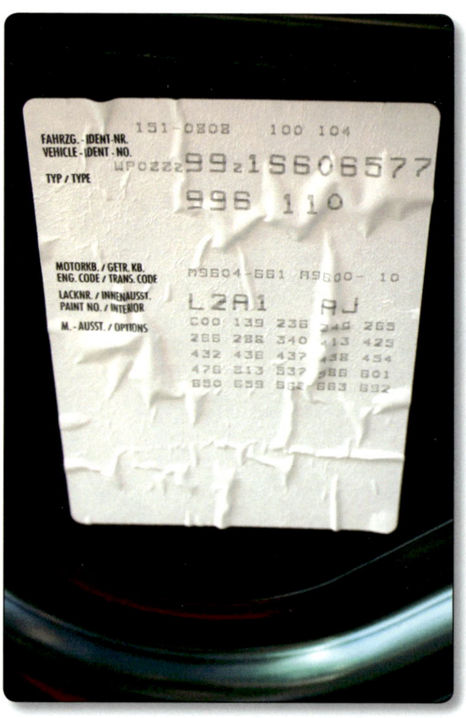

24 M-Optionen weist das Produktionsschild dieses Porsche 996 aus, was belegt, dass sich der erste Käufer intensiv mit der Zubehör-Liste befasste. Foto: Tobias Kindermann

In der zweiten Zeile finden sich die Angaben 996, gefolgt von einer weiteren dreistelligen Zahl. Mit ihr werden die einzelnen Modelle unterschieden.

996 110 .... Carrera Coupé
996 111 .... Carrera Coupé rechtsgelenkt
996 120 .... Carrera Coupé 40 Jahre 911
996 121 .... Carrera Coupé 40 Jahre 911 rechtsgelenkt
996 210 .... Targa
996 211 .... Targa rechtsgelenkt
996 310 .... Carrera Cabrio
996 311 .... Carrera Cabrio rechtsgelenkt
996 410 .... Carrera 4 Coupé
996 411 .... Carrera 4 Coupé rechtsgelenkt
996 420 .... Turbo Coupé
996 421 .... Turbo Coupé rechtsgelenkt

996 430 .... Carrera 4S Coupé
996 431 .... Carrera 4S Coupé rechtsgelenkt
996 440 .... Carrera Coupé Millennium
996 441 .... Carrera Coupé Millennium rechtsgelenkt
996 450 .... Turbo S Coupé
996 451 .... Turbo S Coupé rechtsgelenkt
996 610 .... Carrera 4 Cabrio
996 611 .... Carrera 4 Cabrio rechtsgelenkt
996 620 .... Turbo Cabrio
996 621 .... Turbo Cabrio rechtsgelenkt
996 630 .... Carrera 4S Cabrio
996 631 .... Carrera 4S Cabrio rechtsgelenkt
996 650 .... Turbo S Cabrio
996 651 .... Turbo S Cabrio rechtsgelenkt
996 810 .... GT3
996 811 .... GT3 rechtsgelenkt
996 840 .... GT2 Coupé
996 841 .... GT2 Coupé rechtsgelenkt
996 850 .... GT3 RS
996 851 .... GT3 RS rechtsgelenkt

Motor- und Getriebevarianten

In der dritten Zeile finden sich Angaben, welche Motor- und Getriebevariante zum Einsatz kamen. Eine laufende Seriennummer ist jedoch nicht vermerkt. Es kann jedoch nicht schaden, zu überprüfen, ob der originale Motor- und Getriebetyp verbaut ist, teilweise finden sich in Motor- und Getriebenummern Hinweise auf des Modelljahr. Diese sollten in der Regel übereinstimmen mit dem Modelljahr des Fahrzeuges.

M96 01 .... 3,4-Liter-Saugmotor, 300 PS (221 kW), Schaltgetriebe und Heckantrieb
M96 02 .... 3,4-Liter-Saugmotor, 300 PS, (221 kW), Allradantrieb mit E-Gas
M96 04 .... 3,4-Liter-Saugmotor, 300 PS (221 kW), alle Modelle
M96 03 .... 3,6-Liter-Saugmotor, 320 PS (235 kW), alle Modelle

M96 76 .... 3,6-Liter Saugmotor, 360 PS (265 kW), für GT3
M96 79 .... 3,6-Liter-Saugmotor, 381 PS (280 kW), für GT3
M96 70 .... 3,6-Liter-Turbomotor, 420 PS (309 kW), für Turbo
M96 70S .... 3,6-Liter-Turbomotor, 462 PS (340 kW), für GT2
M96 70S .... 3,6-Liter-Turbomotor, 483 PS (355 kW), für GT2

Von den Motoren 96 01, 02 und 04 gab es ab Mj. 1999 bis Dezember 2000 eine Werksleistungssteigerung von 300 PS (221 kW) auf 320 PS (235 kW) bei unverändert 3,4 Litern Hubraum. Ab Modelljahr 2003 bot Porsche für den Motor 96 03 eine Werksleistungssteigerung von 320 PS (235 kW) auf 345 PS (254 kW) an. Für den Motor 96 70 offerierte das Werk ab November 2001 eine Werksleistungssteigerung von 420 PS (309 kW) auf 450 PS (331 kW).

Die ab Werk leistungsgesteigerten Motoren wurden hinter der Typnummer mit einem „S" bzw. mit einem „R" versehen. Diese Information ist auch bei Ersatzteilbestellungen wichtig.

Motornummern

Sie ist besteht aus zwei Blöcken und befindet sich unten am Motor links neben der Ölwanne. Die Nummer ist nicht mehr eingeschlagen, sondern mit Laserpunkten aufgetragen. Der erste Block aus fünf Ziffern kennzeichnet den Motor Typ (z. B. M96 01), danach folgt eine achtstellige Kombination. Um welche Motorausführung es sich handelt, lässt sich teilweise auch anhand der Zählnummer erkennen.

Motor 96 01

Modelljahr 1998 .... 66W 00501 - 60000
Modelljahr 1999 .... 66X 00501 - 60000

Motor 96 02

Modelljahr 1999 .... 68X 00501 - 60000

Motor 96 04

Modelljahr 2000 .... 66Y 00501 - 60000
Modelljahr 2001 .... 661 00501 - 60000

Motor 96 03

Modelljahr 2002 .... 662 00501 - 60000
Modelljahr 2003 .... 663 00501 - 60000
Modelljahr 2004 .... 664 00501 - 60000
Modelljahr 2005 .... 665 00501 - 60000

Porsche veränderte das Design der Lampen und Kotflügel bei den wassergekühlten Modellen im Laufe der Produktion. Vorne steht ein früher 996, dahinter ein 996 Facelift und im Anschluss ein 997. Foto: Tobias Kindermann

Motor 96 76

Modelljahr 2000 .... 63Y 21501 - 23000
Modelljahr 2001 .... 631 21501 - 23000

Motor 96 79

Modelljahr 2004 .... 634 24501 - 26000
Modelljahr 2005 .... 635 24501 - 26000
Für 996 GT3 RS:
Modelljahr 2004 .... 634 26501 - 27000

Motor 96 70

Modelljahr 2001 .... 641 00501 - 60000
Modelljahr 2002 .... 642 00501 - 60000
Modelljahr 2003 .... 643 00501 - 60000
Modelljahr 2004 .... 644 00501 - 60000
Modelljahr 2005 .... 645 00501 - 60000

Motor 96 70S

(462 PS/340 kW, ab Modelljahr 2003 483 PS/355 kW). Hier liegen nur unschlüssige Angaben aus den Modelljahren 2001 und 2002 vor, da sie identisch mit dem Turbo sind. Denkbar ist, dass alle Motoren 96 70 S, die im Porsche 996 GT2 zum Einsatz kamen, Zählnummern ab 20501 aufwärts erhielten und alle Motoren M 96 70 für den Turbo niedrigere Ziffern erhielten.

Modelljahr 2001 .... 641 00501 - 60000
Modelljahr 2002 .... 642 00501 - 60000
Modelljahr 2003 .... 643 20501 - 60000
Modelljahr 2004 .... 644 20501 - 60000
Modelljahr 2005 .... 645 20501 - 60000

Getriebetyp

G96 00 .... 6-Gang-Schaltgetriebe für Heckantrieb 300 PS (221 kW)
G96 30 .... 6-Gang-Schaltgetriebe für Allradantrieb 300 PS (221 kW)

G96 01 .... 6-Gang-Schaltgetriebe für Heckantrieb 320 PS (235 kW) ab Mj. 2002
G96 31 .... 6-Gang-Schaltgetriebe für Allradantrieb 320 PS (235 kW) ab Mj. 2002

G96 90 .... 6-Gang-Schaltgetriebe für GT3 360 PS (265 kW)
G96 96 .... 6-Gang-Schaltgetriebe für GT3 381 PS (280 kW)

G96 50 .... 6-Gang-Schaltgetriebe für Turbo
G96 88 .... 6-Gang-Schaltgetriebe für GT2

A96 00 .... 5-Gang-Automatikgetriebe für Heckantrieb 300 PS (221 kW)
A96 30 .... 5-Gang-Automatikgetriebe für Allradantrieb 300 PS (221 kW)

A96 10 .... 5-Gang-Automatikgetriebe für Heckantrieb 320 PS (235 kW) ab Mj. 02
A96 35 .... 5-Gang-Automatikgetriebe für Allradantrieb 320 PS (235 kW) ab Mj. 02

A96 50 .... 5-Gang-Automatikgetriebe für Turbo

Getriebenummer

Sie besteht aus zwölf Stellen. Man sieht die Zahlen und Buchstaben von unten am Getriebe eingeschlagen.

Hier ein Beispiel: G9600 1 003361

G9600 = ... Getriebetyp
1 = ... 1: normales Ausgleichsgetriebe, 2: mit Sperrdifferenzial (M 220)
003361= .... Zählnummer

Die Nummern 1 bis 2000 waren für den Versuch reserviert, die Serienproduktion beginnt mit der Nummer 2001.

Zusatzausstattung

Hier folgen ausschließlich jene Ausstattungsoptionen, die tatsächlich für den Porsche 964 lieferbar waren.

M-Optionen: Die in der normalen Preisliste aufgeführten Extras gelten als so genannte M-Optionen. Das „M" wird aber auf dem Produktionsschild weggelassen. Porsche hat diese M-Optionen teil-

Nachdem der Porsche Boxster und der 996 zunächst dieselbe Scheinwerferform besaßen, kehrte Porsche mit dieser Version an einem Porsche 996 FL zu einer eigenständigen Linie für den 911 zurück. Foto: Tobias Kindermann

weise mehrfach vergeben, abhängig vom Typ kann also dieselbe Nummer ein völlig anderes Ausstattungsdetail beschreiben. Die folgende Liste führt ausschließlich die 996-spezifischen Nummern.

M002	911 Carrera RS Straßenversion
M003	911 Carrera RS Clubsport
M004	GT3 RS (Straße)
M014	Sportpaket 996
M024	Griechenland-Ausführung
M030	Sportfahrwerk (-10 mm)
M032	Langstreckenfahrwerk
M034	Italien-Ausführung
M058	Pralldämpfer vorn und hinten
M061	Grossbritannien-Ausführung
M062	Schweden-Ausführung
M063	Luxemburg-Ausführung
M064	Niederlande-Ausführung
M065	Dänemark-Ausführung
M066	Norwegen-Ausführung
M067	Finnland-Ausführung
M068	Thailand-Ausführung
M069	Sonstige Länderausführung
M071	EU-Länderausführung
M072	Mexico-Ausführung
M073	Russland-Ausführung
M092	Sondermodell Turbo S
M094	Sondermodell Millennium
M095	Sondermodell 40 Jahre 911
M101	Motorteile 996 GT2
M111	Österreich-Ausführung
M113	Kanada-Ausführung
M114	Taiwan-Ausführung
M119	Spanien-Ausführung
M124	Frankreich-Ausführung
M126	Beschriftung französisch
M127	Beschriftung schwedisch
M130	Beschriftung englisch
M139	Sitzheizung, linker Sitz
M150	Betrieb mit verbleitem Kraftstoff
M152	Kraftstoffkühlung
M193	Japan-Ausführung
M197	Stärkere Batterie
M215	Saudi-Arabien-Ausführung
M219	Ausgleichsgetriebe
M220	Sperrdifferenzial 40 %
M222	Antriebsschlupfregelung (ASR)
M224	Automatisches Bremsdifferenzial
M225	Belgien-Ausführung
M249	Tiptronic-Getriebe
M265	Automatisch abblendbarer Innenspiegel mit Regensensor
M266	Automatisch abblendbarer Außenspiegel
M270	Außenspiegel für Fahrerseite -plan-, elektrisch verstell- und beheizbar
M271	Außenspiegel für Fahreseite -asphaerisch-, elektrisch verstell- und beheizbar
M272	Außenspiegel, manuell verstellbar
M273	Außenspiegel, elektrisch verstell- und beheizbar
M274	Make-up Spiegel beleuchtet
M277	Schweiz-Ausführung
M288	Scheinwerfer-Reinigungsanlage
M320	Radio „Porsche CR-11", RDW
M321	Radio „Porsche CR 22", RDW
M322	Radio „Porsche CR 220", USA
M325	Südafrika-/Neuseeland-Ausführung
M326	Radio „Porsche CR-21", RDW
M327	Radio „Porsche CR 2200", Japan
M329	Radio „Porsche CR-210", USA
M330	Radio „Porsche CR-31", RDW
M335	3-Punkt-Automatik-Gurte, hinten

M338	Heck-Antrieb
M339	Allrad-Antrieb
M340	Sitzheizung, rechter Sitz
M342	Sitzheizung, links u. rechts
M369	Basissitz links
M370	Basissitz rechts
M375	Sportsitz, Lehnenschale, links
M376	Sportsitz, Lehnenschale, rechts
M392	Carrera Rad 17"
M396	Gussrad, 17" (AL)
M399	Carrera-4-Rad 17"
M408	Techno-Rad 18"
M410	Turbo 2-Rad 18"
M411	Carrera-Rad 18"
M413	Turbo-Look-Rad 18"
M414	Turbo-Look-Rad 18" Hochglanzoptik
M415	Monobloc-Rad Top 18"
M416	Rad, GT3 18"
M417	Carrera-Rad 18", poliert
M418	Turbo 2-Rad 18", GT-Silber-metallic
M421	Cassettenablage vorn
M422	Cassettenablage hinten
M424	CD-Ablage
M425	Heckscheibenwischer
M426	ohne Heckwischer
M432	Lenkrad mit Tiptronic-Bedienung
M436	3-Speichen-Airbaglenkrad
M437	Komfortsitz links, elektrisch verstellbar
M438	Komfortsitz rechts, elektrisch verstellbar
M439	Elektrische Verdeckbetätigung
M440	Manuelle Antenne, 4 Lautsprecher (Mj. 2002)
M441	Radiovorbereitung
M446	Felgensterne und Radnabenabdeckungen in Exterieurfarbe lackiert

M449	Guss-Bremse GT2
M450	Keramik-Bremse (PCCB)
M454	Automatische Geschwindigkeitsregulierung
M465	Nebelschlussleuchte links
M466	Nebelschlussleuchte rechts
M476	Porsche Stability Management (PSM)
M479	Australien-Ausführung
M480	6-Gang-Schaltgetriebe
M484	USA-Ausführung
M488	Beschriftung deutsch
M490	Klangpaket (Mj. 01)
M492	Scheinwerfer für Linksverkehr
M498	Entfall der Modellbezeichnung am Heck
M499	Ausführung für die Bundesrepublik Deutschland
M509	Feuerlöscher
M513	Lordosenstütze rechter Sitz
M532	Entfall Fernbedienung Alarmanlage
M533	Entfall Funkbetätigung Verdeck
M534	Diebstahlsicherungsanlage
M535	Diebstahlsicherung 315 MHz
M536	Alarmsirene und Neigungsgeber
M537	Sitzpositions-Steuerung für Komfortsitz, links
M538	Sitzpositions-Steuerung für Komfortsitz, rechts
M539	Mechanische Sitzhöhenverstellung links
M540	Mechanische Sitzhöhenverstellung rechts
M549	Dachtransportsystem
M550	Hardtop
M551	Windschott
M553	USA-Kanada-Ausführung
M562	Airbag Fahrer- und Beifahrerseite
M563	Seitenairbag
M566	Nebelscheinwerfer weiß
M567	Frontscheibe mit Grünkeil
M571	Aktivkohlefilter

Der Porsche 996 besaß als erster 911 keine runden Scheinwerfer mehr.
Foto: Tobias Kindermann

M573	Klima-Anlage
M574	ohne Klima-Anlage
M580	Nichtraucherpaket
M581	Mittelkonsole vorn
M586	Lordosenstütze linker Sitz
M590	Motorische Deckelverriegelung
M596	Sicherheitskäfig weiss
M597	Schriftzug und Felgenstern in rot
M598	Schriftzug und Felgenstern in blau
M601	Litronic-Scheinwerfer
M602	Hochgesetzte Bremsleuchte
M605	Leuchtweitenregulierung
M606	Tagfahrlicht
M614	Telefonvorbereitung Motorola 2200
M618	Telefonvorbereitung
M620	E-Gas
M635	Einparkhilfe
M650	Elektrisches Schiebedach
M651	Elektrische Fensterheber
M657	Servolenkung
M659	Bordcomputer
M660	OBD 2
M661	verschärftes Abgaskonzept
M662	Info-/Navigationssystem
M663	Passivhörer
M664	ORVR
M665	PCM2 Grundmodul inclusive Radio
M666	PCM2 Telefonmodul (GSM)
M668	PCM2 Passivhörer für Telefonmodul
M670	PCM2 Navigation
M680	Bose Sound-System incl. Audiopilot
M685	Geteilte Rücksitzanlage
M686	Radio „Porsche CDR-21“, RDW
M688	Radio „Porsche CDR-210“, USA
M689	CD-Wechsler Vorbereitung
M690	CD-Player „CD-10“
M692	CD-Wechsler „Porsche“ CDC sechsfach
M695	CD-Radio „Porsche CDR 22“, RDW
M696	CD-Radio „Porsche CDR 220“, USA
M698	CD-Radio „Porsche CDR 32“, RDW
M699	MD-Radio „Porsche MDR32“, RDW
M703	Kofferraum Innenentriegelung
M900	Werkabholung
M936	Sitzbezüge hinten, Leder
M937	Sitzbezüge hinten, Kunstleder
M939	Sitzbezüge hinten, Raffleder
M946	Sitzbezüge vorne, Leder/Leder/Kunstleder
M971	Naturleder, Toro-geprägt
M981	Leder-Ausstattung ohne Sitzbezüge
M982	Sitzbezüge vorne, Raffleder/Leder/Leder
M983	Sitzbezüge vorne, Leder
M990	Sitzbezüge vorne, Stoff/Stoff/Kunstleder
M999	Innenraumüberwachung Sensor, Lederfarbe nach Wahl
M9S3	Sitzbezüge vorne,
MS34	Diebstahlsicherungsanlage

I-Optionen: Hinzu kommen die in der Exclusive-Abteilung hinzugefügten Extras. Hier handelt es sich sowohl um technische Sonderausstattungen als auch Veränderungen in der Innenausstattung. Diesen Optionen wurde ein „I“ vorausgeschickt, das aber auch nicht auf dem Produktionsschild zu finden ist. In der nachfolgenden Übersicht entfällt das „I“ deshalb ebenfalls.

Außerdem finden sich hier fünfstellige Nummern. Damit wurden bei Porsche montierte Exclusive-Ausstattungen bezeichnet, die aufgrund ihres Umfangs oft zu Paketen zusammengefasst wurden. Sie können nur von Porsche selber entschlüsselt werden

Von der Exclusive-Abteilung wurden folgende Extras angeboten:

804	Exterieur-Paket Carbon GT2
E70	Interieur-Paket Leder (groß)
E71	Interieur-Paket Wurzel Ahorn, hell (groß)
E72	Interieur-Paket Wurzel Ahorn, dunkel (groß)
E73	Interieur-Paket Carbon (groß)
E74	Interieur-Paket Leder (klein)
E75	Interieur-Paket Wurzel-Ahorn, hell (klein)
E76	Interieur-Paket Wurzel-Ahorn, dunkel (klein)
E77	Interieur-Paket Carbon (klein)
E80	Interieur-Paket Alu-Optik (groß)
E82	Interieur-Paket Alu-Optik (klein)
P11	automatisch abblendbarer Innen-/Außenspiegel mit integriertem Regensensor
P14	Sitzheizung links, rechts, zweistufig
P15	vollelektrische Sitze
P16	Porsche Communication Management (PCM)
P49	Digital Sound Processing (DSP)
P74	Bi-Xenon-Scheinwerfer
P77	Sportsitze
MJ4	Rosette für Zündschloss lederbezogen
RMA	Himmel mit Leder bezogen
X26	4-Speichen-Lenkrad incl. Airbag mit Leder in Interieurfarbe bezogen
X28	4-Speichen-Lenkrad, Kranz in Wurzel-Ahorn hell mit Leder in Interieurfarbe kombiniert, Airbagmodul mit Leder in Interieurfarbe bezogen
X30	4-Speichen-Lenkrad, Kranz in Wurzel-Ahorn dunkel mit Leder in Interieurfarbe kombiniert, Airbagmodul mit Leder in Interieurfarbe bezogen
X45	Instrumenten-Zifferblätter lackiert in Interieurfarbe
X46	Tiptronic-Wählhebel in Alu/Leder
X47	Schaltknopf Carbon/Alu/Leder
X48	Tiptronic-Wählhebel in Carbon/Alu
X50	Leistungssteigerung 331/340 kW

X51	Leistungssteigerung von 221 auf 235 kW oder 235 auf 254 kW
X54	Edelstahlendrohre
X58	Handbremshebel Carbon/Alu/Leder
X65	Tiptronic-Wählhebel Wurzelholz hell/Alu
X66	Tiptronic-Wählhebel Wurzelholz dunkel/Alu
X69	Einstiegsblenden Carbon, Schriftzug
X70	Einstiegsblenden Edelstahl, Schriftzug
X71	Instrumenten-Zifferblatt lackiert/Alufarbe
X72	Schaltknopf Alu/Wurzelholz hell/Leder
X73	Sportfahrwerk Turbo (-20 mm)
X74	Sportfahrwerk (exclusiv) (-30 mm)
X75	Sperrdifferenzial (exclusiv)
X76	Schwellerverkleidungen links/rechts
X77	4-Speichen-Lenkrad, Kranz in Carbon mit Leder in Interieurfarbe kombiniert, Airbagmodul mit Leder in Interieurfarbe bezogen
X89	Radnabenabdeckungen mit Porschewappen farbig in Exterieurfarbe lackiert
X91	Handbremshebel Alu/Wurzelholz hell/Leder
X97	Schaltknopf Alu/Leder
X98	Handbremshebel Alu/Leder
X99	Naturleder
XAA	Aerokit Cup
XAB	Speedster-Heck, in Wagenfarbe lackiert
XAD	GT-Seitenblenden (links, rechts) in Exterieurfarbe lackiert
XAE	Aerokit Carrera
XAF	Aerokit Turbo
XCE	Mittelkonsole hinten Alu-Optik
XAH	Aerokit Carrera 4S
XAG	Carrera Heckspoiler
XCG	Sportsitzrückenlehne Alu-Optik
XCZ	Schaltwegverkürzung
XD3	Regensensor für Frontscheibenwischer
XD9	Felgenstern in Wagenfarbe lackiert

XE3	Automatisch abblendender Innenspiegel
XE8	Schaltknopf Alu/Wurzelholz Dunkel/Leder
XE9	Handbremshebel Alu/Wurzelholz Dunkel/Leder
XEA	Passivhörer in Leder
XEH	Automatisch abblendender Innen- und Außenspiegel (fahrerseitig)
XJ4	Rosette für Zündschloss lederbezogen
XJA	Tiptronic-Kulisse mit Carbon verkleidet
XJB	Mittelkonsole hinten arktissilber
XJD	Tiptronic-Kulisse mit Wurzel-Ahorn hell verkleidet
XJE	Tiptronic-Kulisse mit Wurzel-Ahorn dunkel verkleidet
XKB	Luftseitendüse Wurzelholz/Ahorn hell
XKC	Luftseitendüse Wurzelholz/Ahorn dunkel
XKD	Luftseitendüse carbon
XKE	Luftseitendüse arktissilber
XKG	Defrosterblende Wurzelholz/Ahorn hell, Leder
XKH	Defrosterblende Wurzelholz/Ahorn dunk, Leder
XKJ	Defrosterblende Carbon/Leder
XKL	Lautsprecherabdeckungen in Leder
XKM	Lautsprecherabdeckungen Wurzelholz/Ahorn hell
XKN	Lautsprecherabdeckungen Wurzelholz/Ahorn dunkel
XKP	Lautsprecherabdeckungen in Carbon
XKR	Mitteldüsenträger Wurzelholz/Ahorn hell
XKS	Mitteldüsenträger Wurzelholz/Ahorn dunkel
XKW	Mitteldüsenträger arktissilber
XKX	Instr. Abd. Unterteil arktissilber
XLA	Boxster-Endrohr
XLF	Sportabgasanlage
XMA	Himmel mit Leder bezogen
XME	Mittelkonsole hinten lackiert
XMF	Mittelkonsole vorn inclusive 2 Ablagen, Leder
XMJ	Mittelkonsole hinten Carbon
XMK	Überrollbügel in Exterieurfarbe
XML	Mittelkonsole hinten Wurzelholz Ahorn hell

XMP	Sonnenblenden Leder, 2 Make-Up-Spiegel beleuchtet
XMY	Überrollbügel arktissilber
XMZ	Mittelkonsole hinten Leder
XN3	Luftseitendüse Armaturenbrett Leder
XNB	Mittelkonsole hinten Wurzelholz Ahorn dunkel
XNG	Instrumentenabdeckung Unterteil Leder
XNH	Seitendüse li./re. Leder Defrosterblende
XNN	Mitteldüsenträger in Leder
XNR	Mitteldüsenträger Carbon
XNS	Lenkstock-Verkleidung 4-teilig Leder
XNU	Zierleiste (Nut) in Leder
XNV	Zierleiste (Nut) Wurzelholz/Ahorn hell
XNW	Zierleiste (Nut) Wurzelholz/Ahorn dunkel
XNA	Instrumentenabdeckung Unterteil in Exterieurfarbe lackiert, Warnblinkrosette in Interieurfarbe bezogen
XNX	Zierleiste (Nut) in Carbon
XNY	Zierleiste (Nut) arktissilber
XPA	3-Speichen-Sportlenkrad, Leder Interieurfarbe
XPB	3-Speichen-Sportlenkrad, Wurzelholz/Ahorn hell, Leder
XPC	3-Speichen-Sportlenkrad, Wurzelholz/Ahorn dunkel, Leder
XPD	3-Speichen-Sportlenkrad, Carbon/Leder
XPG	3-Speichen-Sportlenkrad, Sportsilber
XPP	Lautsprecher-Abdeckung Schalttafel Interieurfarbe
XPW	Instrumentenabdeckung Unterteil Wurzelholz/Ahorn, Hell
XPX	Instrumentenabdeckung unterteil Wurzelholz/Ahorn, Dunkel
XPY	Instrumentenabdeckung Unterteil Carbon
XRA	Sport-Classic-Rad 17"
XRB	Sport-Classic-2-Rad 18"
XRC	Sport-Techno-Rad 18"
XRL	Sport-Design-Rad 18"

XRM	Breitere Räder-/Reifenkombination VA: 225/40 ZR 18 auf 8Jx18, HA: 285/30 ZR 18 auf 10Jx18
XRN	Distanzscheiben 17 mm, hinten
XRP	Distanzscheiben 5 mm, vorn/hinten
XSA	Sportsitzrückenlehne lackiert
XSB	Sportsitzrückenlehne in Leder
XSC	Porsche Wappen geprägt in Kopfstütze
XSD	Sitzbedienelemente in Leder
XSE	Schalensitz links
XSF	Schalensitz rechts
XSG	Rennschalensitz links
XSJ	6-Punkt-Gurte
XSK	Sportbügel hinter den Vordersitzen geschraubt, Entfall der Rücksitze
XSL	6-Punkt-Sicherheitsbügel, Entfall der Rücksitze
XSM	Rennsport-Sicherheitskäfig
XSN	Entfall hintere Sitzanlage
XSR	Schalensitz rechts, Rückseite Carbon
XSS	Schalensitz links, Rückseite Carbon
XSU	Abgepolsterter Sitz
XSW	Sicherheitsgurte in Maritimblau
XSX	Sicherheitsgurte in Indischrot
XSY	Sicherheitsgurte in Speedgelb
XSZ	Sicherheitsgurte Rivierablau
XTC	Türtafelteile in Leder
XTE	Türtafelteile in Arktissilber/Leder
XTE	Türtafelteile in Carbon/Leder
XTF	Türtafelteile Arktikssilber/Leder
XTG	Schwellerabdeckung innen Leder
XTJ	Türtafelteile Wurzelholz/Ahorn hell
XTK	Türtafelteile Wurzelholz/Ahorn dunkel
XTL	Türtafelteile Carbon
XTN	Spiegeldreieck (rechts, links) und Versteller auf Fahrerseite mit Leder in Interieurfarbe bezogen
XV1	Defrosterblende lederbezogen

XX1	Fußmatten, Schriftzug Leder eingefasst
XX2	Fußraumbeleuchtung
XY5	Kulisse Tiptronic-Wählhebel Rahmen mit Leder bezogen, Einsatz in Alu-Optik
XZD	Abdeckung Innenleuchte in Leder
Y05	Schalt-/Handbremshebel Carbon
Y06	Schalt-/Handbremshebel Aluminium
Y07	Schalt-/Handbremshebel Wurzel-Ahorn, hell
Y08	Schalt-/Handbremshebel Wurzel-Ahorn, dunkel
Y23	Tiptronic Wähl-/Handbremshebel Aluminium
Y29	Alu-Edelstahl-Chrom-Paket
Y61	Tiptronic Wähl-/Handbremshebel Carbon
Y62	Tiptronic Wähl-/Handbremshebel Wurzel-Ahorn hell
Y63	Tiptronic Wähl-/Handbremshebel Wurzel-Ahorn dunkel

Das Farbschild

Folgende Farben waren für den Porsche 996 lieferbar:

Porsche 996

Uni-Lacke

719 .... Schwarz
80K .... Indischrot
3AT .... Firnweiß
9A3 .... Biarritzweiß
12L .... Pastellgelb
3AR .... Blautürkis
12G .... Speedgelb
347 .... Dunkelblau
B9A .... Carreraweiß

Metallic-Lacke

92T .... Arktissilber-Metallic
3AY .... Ozeanblau-Metallic
3AW .... Zenithblau-Metallic
84R .... Arenarot-Metallic
25H .... Libelltürkis-Metallic

746 ...... Schwarz-Metallic
40W ...... Vesuvio-Metallic
554 ...... Paladio-Metallic
23I ...... Wimbledongrün-Metallic
22E ...... Tannengrün-Metallic
2A2 ...... Dschungelgrün-Metallic
39G ...... Viola-Metallic
37U ...... Cobaltblau-Metallic
92E ...... Polarsilber-Metallic
22D ...... Schiefer-Metallic
39N ...... Irisblau-Metallic
37W ...... Nachtblau-Metallic
3C4 ...... Violett/Chromaflair
8A4 ...... Orientrot-Metallic
3A9 ...... Lapisblau-Metallic
M5W ...... Lapisblau-Metallic
6A7 ...... Meridian-Metallic
1A9 ...... Orange-Perlcolor
6B5 ...... Sealgrau-Metallic
C9Z ...... Basaltschwarz-Metallic
M6W ...... Lagogrün-Metallic
M3W ...... Carmonarot-Metallic
M7X ...... Atlasgrau-Metallic
M7Z ...... GT-Silber-Metallic
M6X ...... Dunkelolive-Metallic

996 GT3

Uni-Lacke

719 ...... Schwarz
80K ...... Indischrot
9A3 ...... Biarritzweiß
12G ...... Speedgelb
347 ...... Dunkelblau
B9A ...... Carreraweiß

Metallic-Lacke

92T ...... Arktissilber-Metallic
3AY ...... Ozeanblau-Metallic
3AW ...... Zenithblau-Metallic
84R ...... Arenarot-Metallic
746 ...... Schwarz-Metallic
40W ...... Vesuvio-Metallic
554 ...... Paladio-Metallic
23I ...... Wimbledongrün-Metallic
22E ...... Tannengrün-Metallic
39G ...... Viola-Metallic
37U ...... Cobaltblau-Metallic
92E ...... Polarsilber-Metallic
22D ...... Schiefer-Metallic
39N ...... Irisblau-Metallic
37W ...... Nachtblau-Metallic
2A2 ...... Dschungelgrün-Metallic
1A9 ...... Orange-Perlcolor
8A4 ...... Orientrot-Metallic

3A9 ...... Lapisblau-Metallic (bis 2002)
M5W ...... Lapisblau-Metallic (ab 2004)
6A7 ...... Meridian-Metallic

6B5 ...... Sealgrau-Metallic
C9Z ...... Basaltschwarz-Metallic
M6W ...... Lagogrün-Metallic (ab Mj. 2004)
M3W ...... Carmonarot-Metallic (ab Mj. 2004)
M7X ...... Atlasgrau-Metallic (ab Mj. 2004)

996 Turbo

Uni-Lacke

719 ...... Schwarz
80K ...... Indischrot
9A3 ...... Biarritzweiß
12G ...... Speedgelb
347 ...... Dunkelblau
B9A ...... Carreraweiß

Metallic-Lacke

92T ...... Arktissilber-Metallic
746 ...... Schwarz-Metallic
2A2 ...... Dschungelgrün-Metallic
1A9 ...... Orange-Perlcolor
8A4 ...... Orientrot-Metallic
3A9 ...... Lapisblau-Metallic (bis Mj. 2002)
M5W ...... Lapisblau-Metallic (ab Mj. 2003)

6A7 .... Meridian-Metallic
6B5 .... Sealgrau-Metallic
23I .... Wimbledongrün-Metallic
22E .... Tannengrün-Metallic
39G .... Viola-Metallic
37U .... Cobaltblau-Metallic
92E .... Polarsilber-Metallic
22D .... Schiefer-Metallic
37W .... Nachtblau-Metallic
C9Z .... Basaltschwarz-Metallic
M6W .... Lagogrün-Metallic
M3W .... Carmonarot-Metallic
M7X .... Atlasgrau-Metallic (ab Mj. 2004)
M7Z .... GT-Silber-Metallic

9898 .... Sonderfarbe aus vorhergehender Porsche-Serie
9999 .... Sonderfarbe nach Farbmuster vom Kunden

In Dschungelgrün ist dieser Porsche 996 auf der Straße unterwegs. Das kann man im Zweifel auch dem Farbschild im Kofferraum entnehmen. Foto: Tobias Kindermann

2A1 9 4 WBL
DSCHUNGELGRÜNMETALLIC
RAINFOREST GREEN METALLIC
.701.167.01
J4

WN XY 996

Die Tradition der aufgeladenen Porsche wird ab Baujahr 2001 mit dem 996 Turbo fortgesetzt. Der Leistungsbereich des mit je zwei Turboladern und Ladeluftkühlern ausgerüsteten Topmodells begann bei 420 PS. Der erste 911 Turbo aus dem Jahr 1975 bot übrigens seinerzeit 260 PS.

Danksagung

Bei der Arbeit an diesem Buch erhielt ich von vielen Seiten Unterstützung. Dafür möchte ich mich an dieser Stelle herzlich bedanken. Dirk Oßmann nahm sich der undankbaren Aufgabe an, die Zahlen-Angaben Korrektur zu lesen. Dr. Norbert Reschmeier stellte mir wichtige Dokumente aus seiner privaten Sammlung von Porsche-Unterlagen zur Verfügung und gab Anregungen zu Konzept und Aufbau. Rüdiger Kohl half mir, die letzten Lücken bei der Suche nach Werksunterlagen zu schließen. Markus Schenkl diente mit interessanten Aufnahmeobjekten, Holger Scheller steuerte Bilder bei. Das Team vom Porsche-Zentrum Bamberg half ebenfalls mit, Markus Thede von Thede-Sportwagen und Carsten Geyer von CG-Sportwagen ergänzten meine Recherchen mit vielen Tipps. Dazu bekam ich Support von den Kollegen der Internet-gemeinschaft www.elferliste.de.

Dieses Buch widme ich meinem Onkel Jürgen Wulf. Er besitzt seit 1967 eines der zuletzt gebauten Porsche 356 SC Cabrios aus dem April 1965. Als ich noch ein Junge war, hat er mich oft mitgenommen und so den Porsche-Virus auf mich übertragen.

911 Carrera 4
START IN EINE NEUE
PORSCHE-GENERATION.
PORSCHE
FAHREN IN SEINER SCHÖNSTEN FORM